실내식물의 문화사

실내식물의 문화사

마이크 몬더
Mike Maunder

신봉아 옮김

HOUSE
PLANTS

교유서가

일러두기

- 식물 이름은 국가표준식물목록에 따랐다. 외래종, 재배종 등은 국제식물명명규약에 의거해 표기했다.
- 식물학 그림botanical illust은 관용적 쓰임을 고려해 대개 '식물세밀화'로 부르되, 마땅히 언급해야 할 경우 식물학 그림, 도해도 등 본래 뜻을 밝힌 용어를 사용했다.

≫ 차례 ≪

화분이 있는 침실을 묘사한 15세기 작품 〈트로이아전쟁Der Trojanische Krieg〉(1455)에서 확인할 수 있듯이, 인간과 실내식물의 관계는 오래전에 시작되었고 친밀하다.

실내 바이옴의 식물들

"노동의 주목적은 인간의 행복이어야 하며
실내식물이라는 문화예술에 쏟는 노력은
재배자의 마음뿐 아니라 그 식물에 감탄하는
행인의 굶주린 영혼에도 행복을 가져다준다."

휴 핀들레이(Hugh Findlay), 1916년[1]

이 책은 언뜻 평범해 보이는 식물 집단인 실내식물에 관한 탐험서이다. 식용식물 혹은 약용식물과 마찬가지로, 우리는 실내식물과 친밀한 관계를 맺는다. 어쨌건 그것을 집안으로 들이기로 결정한 건 우리 자신이다. 다양한 식물을 키우는 집에서 듬뿍 사랑받고 자랐든, 잎이 누렇게 시들도록 방치되었든 간에, 실내식물은 우리의 생활방식, 우리에게 자연이 필요한 이유, 인간이 야생식물을 채집하고 재배화하는 과정에 관한 복잡한 이야기를 들려준다.

식물을 간과하거나 과소평가하는 성향을 의미하는 식물맹(plant blindness)에 관한 많은 글이 있다. 이런 성향은 작물 다양성과 식물 보호 같은 중대한 사안의 자원 부족으로 이어지기도 한다. 하지만 실내식물이 존재하며 수많은 실내식물이 새로운 가정에 정착해 많은 이들에게 기쁨을 선사한다는 사실은, 인류의 상당수가 식물맹이 아니라는

가장 궁극적인 실내식물로 분류될 수 있는 아프리칸바이올렛은 한 세기에 걸친 육종을 통해 완전히 달라졌다. 〈커티스 보태니컬 매거진Curtis's Botanical Magazine〉 삽화, 제121권(1895).

것을 의미한다. 이는 아주 좋은 신호다.

인간의 실내식물 사랑은 식물 재배화, 그리고 궁극적으로는 식물과 인간의 상리공생에 관한 중요한 이야기를 살펴보기 위한 길을 열어준다. 일부 실내식물은 변형되지 않은 상태, 즉 야생에서 채집될 당시와 거의 같은 모습으로 존재한다. 대표적인 사례는 '스위스 치즈 식물'이라고도 불리는 몬스테라(Monstera deliciosa)이다. 반면 아프리칸바이올렛(Saintpaulia)과 팔레놉시스(Phalaenopsis, 나도풍란) 같은 기본적인 실

과학 분야의 투자는 팔레놉시스를 값비싼 사치품에서 흔한 슈퍼마켓 상품으로 바꿔놓았다. 존 뉴 전트 피치(John Nugent Fitch)의 삽화, 로버트 워너(Robert Warner), 벤저민 S. 윌리엄스(Benjamin S. Williams), 『난초 앨범*The Orchid Album*』, 제1권(1882).

내식물은 수십 년간 육종가들의 손을 거치며 큰 변화를 겪었으며 과학 과 예술이 협력하는 식물 재배화의 역사를 들려준다.

실내 바이옴의 식물들

우리는 도시 종(種)이 되어가고 있다. 자연으로부터 분리된 실내에 머무는 시간이 과거 어느 때보다 길어지면서 점차 인간미 없는 세계에서 살아가고 있다. 정원을 소유한 사람들은 줄어들고, 부동산을 임차하는 사람들은 보통 정원을 가꾸는 데 시간을 쏟지 않는다. 하지만 동시에 인간은 자연과 깊은 관계를 맺고 있으며 그 자연이 우리의 행복에 필수적이라는 주장도 있다. 자연주의자이자 작가인 E. O. 윌슨(E. O. Wilson)은 이것을 '바이오필리아(biophilia)', 즉 '인간이 무의식적으로 추구하는 다른 생명체와의 유대'라고 정의했다.[2] 슬프게도, 인류 역사의 많은 부분을 살펴보면 인간이 자연과 맺는 관계는 다른 종의 절멸과 야생의 땅을 경작지로 바꾸는 과정을 통해 드러난다. 하지만 최근 나타나고 있는 무해한 종류의 바이오필리아는 인류가 길들인 땅, 특히 우리 가정에 마음에 드는 식물종을 들임으로써 기쁨과 우정을 나누고자 하는 욕망을 의미한다. 실내식물은 참신한 것—점차 동질화되어가는 세계 속에서 반짝이는 녹색 생명—에 대한 인간의 내재적 욕구를 반영한다.

가정용 식물(house plant)의 명명법은 모호할 수밖에 없으며 실내식물(indoor plant), 화분식물(pot plant), 관엽식물(foliage plant)로도 불린다. '가정용 식물'이라는 용어는 1952년 영국 양묘업자 토머스 로치포드(Thomas Rochford)가 만든 것으로, 그가 판매하는 가정용 관상식물은 이전까지 '녹색 식물(green plant)' 혹은 '관엽식물'이라고 불렸다[3] (이 책의 원어 제목 'House Plants'를 직역하면 '가정용 식물'에 가깝지만 편의상 제목과 본문에는 '실내식물'로 번역했다—옮긴이). 영국에서 로치포드라는

실내식물의 문화사

실내식물에 대한 사랑은 인류의 공통적인 특징이며 문화와 예산을 초월한다. 칼 라슨(Carl Larsson), 〈홈Home〉 시리즈에 포함된 〈창턱 위의 꽃들Flowers on the Windowsill〉, 1895, 종이 위에 수채.

이름은 순식간에 고급 실내식물의 대명사로 떠올랐으며, 여러 원예 지침서의 저자 D. G. 헤사이온(D. G. Hessayon) 박사, 실내식물 비료인 베이비바이오(Baby Bio)와 함께 여러 세대의 실내식물 재배자들을 위한 삼위일체로 자리매김했다.[4]

실내식물은 대부분 열대지방이나 아열대지방에서 유래한 것으로 (물론 영국에서는 아이비[Hedera helix]가 가장 사랑받는 종으로 남아 있긴 하지만), 집을 장식할 목적으로 화분에 재배되며 종종 개인의 문화적, 사회적 정체성을 표현하는 수단으로 거래된다. 런던의 실내식물이 스페인이나 플로리다에서는 정원식물일 수도 있다. 열대지방에서는 냉방이되는 거실에 몬스테라 화분이 놓인 가운데, 창밖으로 동일한 종의 식물이 억센 덩굴 형태로 나무를 타고 올라가 열매를 맺는 기이한 광경

실내 바이옴의 식물들

시들어버린 몬스테라의 잎. 각각의 실내식물은 각 가정마다 다를 수밖에 없는 관심과 방치의 균형 속에서 생존한다.

이 연출되기도 한다. 실내식물과 표본식물의 경계는 흐릿하고 유연하며, 무해한 장식품으로서의 실내식물과 집착의 대상으로서의 실내식물도 그 경계가 모호하다. 또한, 줄기가 잘린 꽃과 실내식물 간의 구분도 불확실하다. 크리스마스 장식화로 잘 알려진 화분에 담긴 포인세티아(Euphorbia pulcherrima)는 실은 가지를 잘라 화분에 꽂아둔 것으로 몇 달 안에 폐기 처분될 가능성이 높다. 비슷한 이치로, 줄기가 잘리고 뿌리는 꼬아놓은 상태로 종종 흙도 없는 용기에 담겨 판매되는 산데리아나드라세나(Dracaena sanderiana, 아이러니하게도 '행운의 대나무'라고 알려짐)도 오래 생존하는 경우가 드물다. 이 책에서는 용어의 정의를 느슨하고 유연하게 적용하므로 어느 정도 모호한 부분이 존재한다.

실내식물의 문화는 지구 전역에서 다양한 양상으로 나타나며 부(富), 가용 식물의 범위, 문화, 유행하는 디자인 감각의 영향을 받는다.[5]

실내식물의 문화사

일명 '행운의 대나무(Lucky bamboo)'라고 불리는 이 식물은 사실 '행운'이나 '대나무'와는 무관하며
중앙아프리카 원산의 산데리아나드라세나를 잘라놓은 것이다.

지역적 특색이 돋보이는 식물들의 사례는 다음과 같다. 남수단의 주택 입구를 장식하며 깡통 화분에 담긴 일일초(Catharanthus roseus), 도쿄 뒷골목의 입구와 창턱에 옹기종기 모여 있는 화분식물과 기이한 모양의 다육식물, 알렉산드리아와 바르셀로나 같은 지중해 도시의 발코니를 가득 채운 실내식물과 민트 혹은 바질이 자라는 화분.

실내식물은 전 세계로 전파되고 여러 문화에 의해 변형되었다. 지역마다 선호하는 종과 품종이 갈리기도 한다. 예컨대 남아프리카 원산의 주황색 꽃이 피는 군자란(Clivia)은 유럽과 북미에서 재배화되었고, 중국, 일본, 한국에서 특히 인기를 끌고 있으며, 나라별로 선호하는 품종은 다르다.[6] 지역별로 선호하는 식물의 특징이 다를 수도 있다. 미국에서는 드라세나처럼 큰 식물이 인기인데, 이는 대체로 집이 넓고 플로

존 내시(John Nash), 〈창가의 식물들Window Plants〉, 1940년대, 채색 목판화. 실내식물은 오래전부터 가정의 새 식구가 되어 삶의 동반자이자 우리의 가정과 멀리 떨어진 자연 세계를 우리와 연결하는 가교 역할을 했다.

군자란 '롱우드 데뷔탕트Longwood Debutante', 펜실베이니아 롱우드식물원 식물 육종 프로그램을 통해 만들어진 재배종.

리다의 양묘장에서 큰 식물을 쉽게 구입할 수 있기 때문일지도 모른다. 영국과 미국의 일부 가정에서는 인간 거주자들의 편의보다는 실내식물들의 웰빙이 우선시되기도 한다.

이러한 지역적 편차에도 불구하고, 점차 세계적인 식물로 자리잡아가고 있는 화초들이 있다. 베이루트, 런던, 혹은 보고타의 상점에서 동일한 품종의 식물들을 쉽게 만날 수 있다. 실제로 이 식물들은 동일한 업체에서 생산한 것이거나 동일한 원예 경매장을 거쳐 그곳에 도착했을지도 모른다. 예전에는 특정한 근교 농원이 대도시 일대에 서비스를 제공함으로써 실내식물의 지역적 문화가 생겨났지만, 이제 항공기, 컨테이너 수송, 장거리 화물운송을 이용하는 먼 지역의 양묘장들이 그 자리를 차지하고 있다. 이것은 안타깝게도, 소규모 양묘장과 독립적인 재배자들의 생존 능력과 창의력을 억압한다.

로저 엘리엇 프라이(Roger Eliot Fry), 〈군자란Clivia〉, 1917, 캔버스에 유채.

최근 몇 년 사이 실내식물에 대한 대중의 관심이 급증했다. 다양한
상품이 준비된 실내식물 매장에 가면, 많은 원예가들이 오랫동안 전혀
기대하지 않았던 모습이 펼쳐진다. 식물을 구입할 생각에 잔뜩 신이

실내식물의 문화사

가든 하우스(Garden House), 팔리 힐, 뭄바이. 건축가 디즈니 데이비스(Disney Davis)와 니틴 바차(Nitin Barcha)가 설계했으며 식물과 건축, 자연 친화적 생활공간에 대한 욕망 간의 상관관계를 조명한다.

멜버른의 식물 매장. 실내식물은 태국, 중국, 네덜란드, 호주, 미국의 재배자들과 세계 곳곳의 시장을 연결하는 수백 만 달러 규모의 국제 무역 상품이다.

난 젊은이들의 모습 말이다.[7] 세대가 바뀌면서 접란과 마크라메 화분걸이의 기억은 점점 희미해지지만, 식물 재배의 재미를 재발견한 다음 세대에 의해 그 기억은 되살아난다. 호주 가정의 3분의 1은 여러 실내식물을 키운다고 한다.[8] 식물 판매가 늘고 이 주제에 관한 여러 책이 출간되고 많은 재배자들이 소셜 미디어로 소통한다. 예컨대, 실내식물 동호인 페이스북(House Plant Hobbyist) 그룹의 가입자는 36만 6,000명 이상이며 실내식물 재배자(House Plant Growers) 그룹의 가입자는 15만 7,000명 이상이다.

실내식물에 대한 사랑은 오래된 전통의 현대적인 변주이다.[9] 수천 년 동안 우리는 식물, 특히 꽃과 잎을 통해 계절과 명절을 기억하고 가정의 행운과 축복을 기원하고 삶의 변화를 기념했다.[10] 이러한 관계는 그 기원이 어쩌면 선사시대의 장례문화로까지 거슬러올라가며 수십억 달러 규모의 꽃시장을 통해 오늘날에도 꽃피우고 있다.[11] 많은 고대 사회들은 살아 있는 식물로 신전과 궁전을 장식했다. 이와 관련된 사례 중 하나는 이집트의 여성 파라오 하트셉수트(Hatshepsut, 기원전 1507~1458년경)가 자신의 신전에서 키울 유향나무(Boswellia)를 구하기 위해 푼트의 땅(아마도 소말릴란드)으로 원정대를 파견한 것이다.[12] 이것은 조직적인 식물채집에 관한 고대의 사례인 동시에, 이국적인 것에 대한 만연한 숭배, 오늘날까지도 원예에 대한 우리의 열정을 자극하는 바로 그 숭배를 잘 보여주는 사례이기도 하다. '이국적(exotic)'이라는 단어는 '바깥(outside)'을 의미하는 그리스어 '엑소(exo)'에서 유래했으며 다른 지역이나 문화권에서 온 예술품이나 상품을 칭할 때 쓰인다.[13] 여기에는 이상하고 매혹적인 것, 때로는 불길하고 때로는 기발한 것, 무엇보다 실내식물과 관련해서는 '열대 원산'이라는 의미가 내포

코르딜리네 프르티코사(Cordyline fruticosa)는 고대 폴리네시아에서 재배화된 식물이며 현재 열대 관엽식물이자 실내식물로 널리 재배된다. 하와이에서는 가정에 행운을 불러오기 위해 이 식물을 집 한쪽 구석이나 출입구에 심는 전통이 있다.

되어 있다. 많은 사람들에게 실내식물은 저렴한 값으로 얻을 수 있는 이국적이고 진기한 물건이다.

삶에 지친 21세기 도시인인 우리는, 엘리자베스시대의 런던 시민들이 살아 있는 열대식물의 모습을 처음 보고 느꼈을 충격을 짐작하기 어렵다. 당시에는 이국적인 것을 소유했다는 이유만으로 풍부한 세상을 경험한 세련된 사람이라는 분위기를 풍겼다. 그것은 그가 희귀하고 신기하며 값비싼 것에 접근할 수 있음을 보여주었기 때문이다. 오늘날에도 일부 실내식물은 값비싸고 귀하지만, 충동구매를 할 수 있을 만큼 저렴한 식물도 많다. 금전적 대가 없이 꺾꽂이묘와 씨앗을 주고받기도 하는데, 이러한 거래는 개인적 역사의 저장소라는 식물의 역할에 힘을 실어준다. 수십 년간 우리 곁을 지키는 식물도 있고, 잠시 관상용으로 쓰였다가 버려지는 식물도 있다. 1월 중순이면 폐기 처분되는 잎 떨어진 포인세티아와 시든 시클라멘이 바로 그런 경우다.

서유럽에서 실내식물 문화의 출발점은 중세시대의 카네이션(Dianthus caryophyllus) 재배로 거슬러올라간다. 아름다운 꽃과 향기로 사랑받던 카네이션은 겨울이면 따뜻한 집안으로 옮겨졌다.[14] 하지만 그 외 다양한 식물이 장식 목적으로 실내로 옮겨졌다는 증거가 처음 밝혀진 것은 17세기 초에 들어서다. 휴 플랫(Hugh Platt, 1552~1608) 경은 자신의 정원 관리 지침서인 『식물 낙원Floraes Paradise』에서 '실내 정원(garden within doors)'에 대해 다음과 같이 설명했다. "깔끔한 갤러리, 훌륭한 실내 공간, 혹은 그 밖의 숙소를 (…) 향긋한 허브와 꽃, 그리고 가능하다면 열매로 장식하는 건 기분 좋은 일이다."[15] 17세기 여행가이자 일기 작가인 실리아 파인즈(Celia Fiennes, 1662~1741)는 워번의 베드포드(Bedford) 백작 저택에서 수많은 이국적인 식물을 목격했

실내식물의 문화사

실내식물은 열대식물계 내에 존재하는 특별한 부분집합으로, 실내 환경에서의 대규모 번식과 생존이 가능하다.

실내식물 무역의 어두운 면. 선인장은 본연의 모습을 잃고 왁스로 코팅, 염색된다.

다. "식당 창문 바로 옆에는 온갖 꽃과 신기한 풀, 오렌지와 시트론, 레몬나무와 도금양, 필리레아(Phillyrea), 멋진 알로에 화분이 있었다."[16] 토머스 페어차일드(Thomas Fairchild, 1667~1729년경)는 "방이나 실내 공간을 꽃 화분과 화병으로 장식하는" 런던 시민들의 새로운 관심사를 반영하여 1722년 『도시 정원사*The City Gardener*』를 출간했다.[17]

19세기의 실내식물 대유행은 다양한 요소들이 한데 겹쳐지면서 생겨났다. 워디언 케이스(Wardian Case)가 발명되면서 식물들은 열대지역에서 온대지역으로 옮겨질 수 있게 되었고, (단순히 귀족 수집가뿐이 아니라) 식물 재배를 건전하고 보람찬 취미로 여기는 부유한 가구들이 증가했으며, 아마추어 재배자와 수집가를 유혹하는 것이 유일한 목적인 열대식물 양묘장들이 생겨났다. 우리가 오늘날 기르는 식물 중 다수는 19세기 여러 양묘장에서 재배화 수순을 밟기 시작했다. 무엇보다 원예는 빅토리아시대의 양묘장들이 적극적으로 활용한 진귀한 신기술인 이종교배의 영향을 많이 받게 되었다.

오늘날 실내식물 산업의 규모는 어마어마하다. 2014년 미국에서는 5,000만 개 이상의 포인세티아와 450만 개 이상의 아프리칸바이올렛이 판매되었고, 미국 실내 관엽식물 시장의 규모는 7억 4,700만 달러에 달한다.[18] 개별 식물이 거액에 거래되기도 한다. 2020년 뉴질랜드에서는 호야 한 그루가 6,500뉴질랜드달러(한화 약 530만 원—옮긴이)에 팔리면서 몬스테라 한 그루의 판매가이자 종전 기록인 5,000뉴질랜드달러를 넘어섰다.[19]

오늘날 실내식물의 재배와 운송은 우리의 가정과 사무실을 멀리 있는 네덜란드, 플로리다, 한국, 태국, 코스타리카의 재배업체들과 연결

밀라노 화훼시장에 몰려든 실내식물 구매자들, 1979.

해주는 복잡한 산업이다. 이 산업은 노련한 재배자의 눈썰미와 비전이라는 전통적인 원예 기술과, 꾸준히 참신한 식물을 선보이는 유전학과 식물생리학이라는 첨단 도구 사이에서 균형을 유지한다.

부와 여가 시간의 증가에 따라 우리의 집은 점차 식물이 살기 좋은 환경으로 변해왔다. 오늘날, 적어도 지구상 부유한 국가의 주택들은 커다란 창으로 햇빛이 더 잘 들고, 난방이 안정적이며, 무엇보다 난방 과정에 석탄 오염물질이나 유독가스가 발생하지 않는다. 한때는 유독한 생육 환경에서 살아남을 수 있는지 여부가 식물을 선택하는 기준이었다. 금주법 시대의 한 작가에 따르면 엽란은 그렇게 살아남은 식물이다. "이 식물은 술냄새 진동하는 낡은 술집이나 조금 더 현대적인 주류 밀매점, 야외 술집에서 먹다 남은 맥주와 구정물만으로 수분을 공급받으면서도 잘 자라는 것으로 알려져 있다."[20]

우리는 실내식물이 인간이 자는 동안 유독물질을 내뿜어 우리 건강을 해칠 수 있다는 두려움은 극복했다.[21] 존 몰리슨(John Mollison)은 『새롭고 실용적인 창문 정원사 *The New Practical Window Gardener*』(1877년)에서 "식물의 꽃은 다른 어떤 조직보다 더 많은 탄소를 배출하므로, 잠자는 동안 침실에 꽃다발이나 탁상 장식용 꽃을 두어서는 안 된다"라고 경고했다.[22] 이것은 실내 공기의 오염물질을 제거하는 식물의 영웅적인 메커니즘이 널리 찬양받고 신화화되는 오늘날의 인식과는 매우 대조적이다.

대다수 사람들은 북적이는 도시 공간에 살고 있다. 도시 바이옴은 지표면의 3퍼센트가량을 차지하지만, 전체 인구의 55퍼센트가 이곳에 거주한다. 이곳은 지구상에서 가장 새로운 생태계이자 참신한 생태변화가 펼쳐지는 공간이다.[23] 새로운 도시 생태계의 핵심은 실내 생활공간, 즉 우리가 살고 있는 집의 생태다.[24] 도심에서는 자연에 대한 접근성이 점차 떨어지고 있으며 스스로 규정한 생활공간을 만들어낼 필요성이 커지고 있다. 실내식물은 우리에게 필요한 자연을 제공하는 중요한 요소가 될 것이고, 감정과 창의성의 배출구를 제공함으로써 우리의 건강과 복지에 기여할 것이다. 혁신적인 분자 연구에 따르면 실내식물은 가정 생태계를 구성하는 역동적인 한 부분이며 집안의 다양한 미생물과 상호작용을 통해 영향을 주고받는다.[25]

실내식물은 상품이다. 사람들은 즐거움을 얻고 각 가정의 개성을 드러내기 위해, 때로는 사회적 위신의 상징으로서 실내식물을 구입한다. 실내식물은 시선을 사로잡고 감정적 재충전의 기회를 제공한다. 또한 우리가 가진 여러 개인적인 진기한 수집품들을 전시하는 역할을 한다. 실내식물은 몇 년씩, 때로는 몇십 년씩 우리와 동거한다. 어떤 식물은 우리의 배우자보다 오래 생존하고, 여러 세대에 걸쳐 한 가정 내에서 살아간다. 수많은 사람들이 식물을 구입하고 교환하고 때로는 훔치고 선물로 주고받는다. 이러한 실내식물의 근본적인 존재 이유는 우리 삶에 기쁨과 풍요를 더하는 것이다.

오늘날 우리가 기르는 식물들은 수세기에 걸친 식물채집 역사의 잔해들로, 대부분 생리적으로 강인하고 집 주인에게 외관상 매력적인 종들로 선별 구성되었다. 열대 세계에서 건너온 이 다양한 식물들은 사라진 역사를 담고 있는 경우가 많으며, 그들의 기원은 마케팅과 광고의 강력한 위세에 밀려 희미해진다. 실제로 일부 식물은 개별 종에 대한 언급도 없이 '다양한 선인장과 다육식물'이라는 푯말이 붙은 채 판매된다. 영국의 식물 판매업체인 패치(Patch)는 학명 사용을 중단하고 각 식물에 피델(떡갈잎고무나무, Ficus lyrata), 도라(알로카시아 '포르토도라', Alocasia 'Portodora'), 믹(행운목, Dracaena fragrans), 필(필로덴드론 스칸덴스, Philodendron scandens) 같은 친근한 이름을 붙여서 생태학적, 분류학적, 또는 역사적 맥락이 제거된 상품이라는 정체성을 내세운다. 일례로 '절대 죽지 않는 식물 세트(Unkillable Set)' 중 하나이자 '캐시'라는 이름으로 판매되는 금전초(Zamioculcas zamiifolia)는 잔지바르 식민지 총독이자 인도양 노예무역 종식의 주역인 존 커크(John Kirk)에 의해 1869년 동아프리카에서 채집되었다. 금전초는 전세계적으로 'ZZ'라는 별칭으로 거래되고 어지간해서는 죽지 않는 실내식물로 알려져 있으며, 태국과 중국에서 수백만 그루가 번식되고 생태학이나 역사에 대한 정보도 없이 판매된다.

모든 생물학적 혹은 문화적 컬렉션과 마찬가지로, 우리가 사는 집에도 매혹과 고통의 복잡한 사연이 얽혀 있다. 일부 식물종은 수세기 동안 우리와 함께해온 오랜 투숙객이며 식민지산업의 기운을 희미하게 풍긴다. 우리는 인도고무나무(Ficus elastica)를 멀대 같은 실내식물로 알고 있지만, 19세기 경제식물학자들에게는 방수용 수지를 얻는 수단이었다. 비슷한 이치로, 산세비에리아(Sansevieria trifasciata)는 건조한 열대지방에서 섬유용 작물로 재배되었다.

초창기 새로운 식물의 사냥터 중 일부는 식민지 군사작전과 무역의 최전방이기도 했다. 남아프리카 원산의 무늬알로에(Aloe variegata)는 순진무구한 사람들을 선인장과 다육식물 수집이라는 중독성 있는 취미의 세계로 인도하는 '관문' 역할을 했다. 이 다육식물은 케이프 식민지에서 1680년대에 처음 채집되었고 이후 유럽에서 재배되기 시작했다. 비슷한 이치로, 드라세나는 1690년대에 서아프리카에서 네덜란드로 옮겨졌고 150여 년간 실내식물로 인기를 누리고 있다. 지금은 너무나 흔해진 아프리칸바이올렛은 20세기 초 탄자니아의 산간지대에서 독일 식민지 행정관에 의해 채집되었고, 한 세기의 집중적인 육종을 통해 눈이 휘둥그레질 정도로(관점에 따라서는 징그러울 정도로) 다양한 신품종이 개발되었다.

일부 실내식물은 아픈 역사로 얼룩져 있다. 카리브해와 남미 원산의 디펜바키아(Dieffenbachia)는 오랫동안 재배되어온 사연 많은 관상식물로, 최초의 야생종 교배는 무려 1870년대에 이루어졌다. 이 식물은 콜럼버스가 신대륙에 도착하기 이전까지 강력한 약품이자 독으로 사용되었지만(예컨대 쿠라레와 섞어 화살촉에 바르는 등), 카리브해에서 노예 경제가 확립되면서 남용되기 시작했고 일명 '덤 케인(dumb cane, '벙어리 나무'라는 뜻으로 줄기를 먹으면 성대와 혀가 마비되어 말을 못하게 된다고 해서 붙여진 별명—옮긴이)'은 노예들에게 잔인한 형벌 도구로 사용되었다.[26] 훗날 나치 당국은 인종적으로 열등하다고 여겨지는 수감자들을 대대적으로 불임화하기 위해 이 식물의 독성을 활용하는 안을 내놓기도 했다.[27] 하나의 식물에 참으로 많은 사연이 담겨 있다. 상거래를 위해 재배되는 아름다운 상품이자 콜럼버스 이전 시대의 민족을 연구하기 위한 귀한 민족식물학적 자료이자 잔인한 인종차별적 형벌의 도구이자 오늘날에는 브라질 아마존 지역 가정의 베란다에서 자라며 액운을 막아주는 부적 역할에 이르기까지 말이다.[28]

우리는 서양 실내식물 문화의 시작을 편의상 휴 플랫의 정원 관리 지침서 『식물 낙원』(1608)의 출간 시점으로 잡을 수 있다. 이에 따르면 실내식물은 400여 년의 역사를 자랑한다. 이 기간 동안 수많은 종들이 새로 발견되고 실내장식 용도로 판매되었으며 취향의 변화와 원예의 대량생산 및 판매로의 전환에 따라 많은 종들이 인기를 얻기도 하고 잃기도 했다. 한때 원예가들에게 광기에 가까운 사랑을 받다가 조용히 잊힌 종(예컨대 19세기 양치식물 마니아[Pteridomania] 열풍 이후의 양치식물)이 있는가 하면, 애정과 무관심의 주기를 몇 번씩 거친 뒤 아직까지도 놀라운 생명력을 유지하고 있는 몬스테라 같은 종도 있다.

실내식물은 세련되거나 촌스럽거나 이국적이거나 평범하거나 기괴해 보일 수 있지만, 그것은 패션과 디자인의 세계에서 디자인 트렌드를 주도하는 동시에 반영하는 역할을 한다. 오늘날에는 옷, 직물, 생활용품, 컴퓨터 케이스에 실내식물이 등장한다. 20세기 초 실내식물은 빈의 아르데코풍 철도역의 디자인에 영감을 제공했고, 바우하우스 설립자인 발터 그로피우스(Walter Gropius)는 열렬한 선인장 수집가였다.

열대 실내식물은 문학작품에 풍부한 상징과 은유를 제공했고 일부

실내 바이옴의 식물들

하이디 노튼(Heidi Norton), 〈나의 디펜바키아 화분과 방수포My Dieffenbachia Plant with Tarp〉, 2011, 아카이벌 피그먼트 프린트.

식물은 이와 관련하여 특히 관심을 끌었다.[29] 예컨대 칼라디움 (Caladium) 혹은 베고니아는 프랑스 세기말 작가들에게 타락과 부패의 상징으로 여겨졌다. 살인자로서의 실내식물을 살펴본 작품으로는 H.

실내식물의 문화사

디펜바키아. 이 식물은 관상식물이자 민속식물학적 자료이자 잔인한 식민지 시기의 독초이자 아마존 가정의 액막이 부적 등 다양한 역사적 의미를 지닌다.

1938년 〈디 다메Die Dame〉에 수록된 사진에서 알 수 있듯이, 실내식물은 인테리어 디자인의 일부이며 종종 야망과 지위의 표현이다.

G. 웰스(H. G. Wells)의 단편 「이상한 난초의 꽃The Flowering of the Strange Orchid」(1894)과 코미디 뮤지컬 〈흡혈 식물 대소동Little Shop of Horrors〉(1960, 1986), 공상과학영화 〈외계의 침입자Invasion of the Body Snatchers〉(1956, 1978)[30], 최근의 공상과학 드라마 〈리틀 조Little Joe〉(2019)가 있다. 실내식물은 그레이시 필즈(Gracie Fields)의 노래 〈세상에서 가장 큰 엽란The Biggest Aspidistra in the World〉에서도 찬사를 받고, 보들레르(Baudelaire)와 에밀 졸라(Émile Zola)의 작품에서 문학적 은유로 쓰이고, 직물, 조각, 회화에도 등장한다. 흔한 산세비에리아 모티프를 비롯해 커다란 잎의 이국적인 식물들은 '세관원' 앙리 루소(Henri 'Douanier' Rousseau)의 정글 그림은 물론, 드림웍스의 애니메이션 영화 〈마다가스카르Madagascar〉(2005)의 활기찬 배경에도 등장한다. 실내식물에 대한 놀라운 관심을 반영하는 책, 블로그, 웹사이트는 셀 수 없이 많다. 시중에 나온 책들을 살펴보면 실내식물이 아주 폭넓은 감정적 욕구를 충족해준다는 것을 알 수 있다(예컨대 『식물이 당신을 사랑하게 만드는 법How to Make a Plant Love You』 같은 책이나 '식물과 함께하는 남자들: 실내식물을 돌보는 섹시남들Boys with Plants: Sexy Men Caring for Indoor Plants' 같은 달력의 제목을 보라). 심지어 내 별자리에 맞는 새 식물을 고르면서 실내식물을 더 건강하게 만든다고 주장하는 전자음악을 들을 수도 있다.

　지난 400년간 실내식물 육종은 1717년 최초의 교잡종 정원식물인 토머스 페어차일드의 '노새(mule)'에서 출발해 오늘날의 첨단 유전공학 기술의 식물 적용에 이르기까지 점차 과학 기반으로 발전해왔다. 이것은 예술 형태의 진화이기도 하다. 각각의 육종가는 식물에 대한 개인적인 비전과 상업 시장에 대한 이해를 혼합하는 연금술적 과정을

실내식물의 문화사

산세비에리아 같은 식물들은 예술과 디자인 분야에서 이국적인 모티프로 이용된다. 앙리 루소 (Henri Rousseau), 〈적도의 정글The Equatorial Jungle〉, 1909, 캔버스에 유채.

거치기 때문이다.

창턱에 식물을 올려두는 것만으로는 결코 충분하지 않다. 실내식물에 대한 관심이 커짐에 따라 재배 관련 장비의 규모도 커졌다. 19세기 너새니얼 워드(Nathaniel Ward)의 유리상자는 다양한 종류의 실내식물을 유독한 석탄 연기로부터 보호하는 역할을 했다.[31] 워드는 섬세한 열대식물들을 선박에 실어 전 세계로 수송하기 위한 도구를 만들었고,

실내 바이옴의 식물들

식물과 인간의 관계는 놀랍도록 친밀하다. 라마 다마(Ramma Damma), 일명 '울리 하퍼(Ulli Hopper)'는 2012년 스코틀랜드 그레트나 그린에서 '크산티페(Xanthippe)'라는 이름을 붙인 화분식물과 '결혼'했다.

이는 식민지산업을 촉진하는 동시에 빅토리아시대 주택들을 위한 관상식물을 탄생시켰다. 오늘날의 새로운 원예 도구들을 활용하면 식물학자 패트릭 블랑(Patrick Blanc)에게서 영감을 받은 눈부신 수직 정원도 만들 수 있고, 21세기 버전의 워디언 케이스이자 고(故) 아마노 다

실내식물의 문화사

우리가 가정으로 들여오는 식물들에게는 어두운 면이 있다. 〈흡혈 식물 대소동〉(1986, 프랭크 오즈 Frank Oz 감독)에 나오는 육식식물 '오드리2'.

카시(Takashi Amano)의 아름다운 수초항으로 대표되는 아쿠아리움과 테라리움도 만들 수 있다.

실내식물은 다양한 경로를 통해 우리의 가정에 유입되며 우리는 각각의 식물과 개별적인 관계를 맺는다. 각각의 실내식물은 우리 개인의 진기한 수집품을 나타내며 각자의 이야기, 기억, 큐레이터로서의 감각이 뭉쳐진 기억의 극장(theatrum memoriae)이다. 각 컬렉션은 연속성과 변화의 혼합체이다. 각 식물에 담긴 기억들은 새로운 성장 혹은 개화에 대한 기대로 더욱 강화된다.

일부 재배자들은 자신이 키우는 식물과 느슨한 관계를 맺으며('식물에겐 두 개의 가능성이 있을 뿐이다, 죽거나 살아남거나') 각 가정별로 존재하는 애정과 무관심의 균형 속에서 생존할 만큼의 강인한 식물들로 만족한다. 그 반대편 극단에는 가장 희귀하고 진귀한 식물들을 따라다니

'잘못된 먹이는 식물에 악영향을 끼칠 수 있습니다',
노먼 셸웰Norman Thelwell의 만화, 『업 더 가든
패스Up the Garden Path』(1967).

고, 전문적인 식물연구회 판매 행사에서 제일 앞줄을 차지하고, 실력
있는 재배업자들과 친하게 지내며, 최신 역삼투압장치에 대해 열성적
으로 토론하는 전문적인 수집가들이 있다. 이들은 식물 재배에 대한
심오하고 때로는 별난 전문지식을 키우고, 컬렉션 번호가 달린 식물
표본에 미심쩍은 가치를 부여한다. 그 숫자는 해당 식물이 야생으로부
터 채집되었음을 암시하는 샤머니즘적 주문이다. 야생에서 채집한 식
물은 원칙적으로 거래해선 안 된다.

이 두 집단 사이에는 다양한 경로로 얻은 여러 식물을 키우면서 장
비에 대해선 신경을 덜 쓰고, 원예 정보와 꺾꽂이에 대해서는 관대한
사람들이 있다. 이 행복한 '사 모으기' 전문가들은 시간을 들여 자신
의 식물에 대해 공부하되 상실에 대해서는 운명론적인 태도를 취하고,

실내식물의 문화사

성공에 잘 도취되고, 특정 식물 그룹이 반짝 인기몰이를 하다가 사라지는 2~5년 주기로 키우는 식물의 종류가 달라지는 경향이 있다.

실내식물 재배에는 음울한 영역도 있다. 식물을 왁스에 담그고, 반짝이 장식을 뿌리고, 형광색으로 염색하고, 가짜 꽃을 핀으로 고정하

선인장 꾸미기: 화분 선인장 위에 달린 가짜 꽃.

살아 있는 것과 죽은 것의 구분이 점점 어려워지고 있다. 여러 플라스틱 식물들.

실내 바이옴의 식물들

A NIGHT BLOOMING CEREUS   COBEA VINE IN A WINDOW

지난 한 세기 동안 실내식물 원예에 대한 우리의 전문성은 계속 향상되었다. 밤에 꽃을 피우는 기둥선인장(좌)과 코베아 덩굴(우)의 사진. 파커 T. 반스(Parker T. Barnes), 『실내식물과 그 재배법House Plants and How to Grow Them』(1909).

는 등의 비참한 세계이자 충동구매와 실망과 식물의 느린 죽음으로 이어지는 저승 세계 말이다. 이것은 산 것과 죽은 것의 구분이 점점 힘들어지는 가짜 실내식물의 어두운 왕국과 점차 하나로 연결된다.[33]

특히 순을 자르는 방식으로 실내식물을 훔치는 것은 오래되고 비열한 전통이다. 단체버스를 타고 공공 식물원에 온 원예 동호회 회원들이 가방 가득 식물 줄기를 담아 간다는 이야기가 많이 떠돈다. 진짜 문제는 도난당한 식물이 성장이 느리거나 귀하거나 멸종위기종일 때 발생한다. 절도를 당한 재배자는 감정적으로, 또 금전적으로 심각한 피해를 입는다. 대표적인 사례는 르완다의 유일한 야생 서식지가 파괴된 후 재배를 통해서만 명맥을 유지하고 있던 피그미 르완다 수련(Nymphaea thermarum)이 큐 왕립식물원에서 절도당한 사건이다.[34]

실내식물의 문화사

지금은 실내식물의 역사와 기능을 재검토하기에 적절한 시기이다. 어느 때보다 많은 종이 실내재배를 위해 변형되고 채택되면서 의심할 여지 없는 실내식물의 르네상스가 펼쳐지고 있다. 베이치(Veitch), 로디지스(Loddiges), 반 하우트(van Houtte), 로치포드(Rochford)처럼 실내식물의 혁신을 이끈 가문들이 오늘날 우리가 키우는 다양한 식물과 그 품질, 글로벌 무역을 지탱하는 최첨단 과학을 직접 본다면 눈이 휘둥그레질 것이다. 그들은 소셜 미디어의 '플랜트플루언서(plantfluencer, 식물에 관한 정보를 다루는 인플루언서―옮긴이)'를 보면서 어리둥절하겠지만, 사람들이 온라인 커뮤니티에서 실내식물 재배 정보를 교환하는 모습에는 감동할 것이다.

『식물 낙원』의 출간 이후 400년 동안, 실내식물은 지역적으로 번식되고 판매되는 비주류 경제작물에서 글로벌한 작물로 진화했다. 실내식물은 몇 개 안 되는 종에서 수백 개의 식물종과 수천 개의 재배종을 아우를 만큼 다양해졌다. 이는 어쩌면 지구상의 식물 재배화 과정에서 가장 다방면에 걸친 실험일지도 모른다. 실내식물의 다양화는 원예 기술의 진화로 인해 가능했고 새로운 식물분자생물학 기술의 영향을 점차 많이 받을 것이다. 가장 신나는 부분은 수직 정원이나 안팎이 모두 식물로 덮인 건물에서 볼 수 있듯이, 실내식물이 단일 표본에서 풍경으로 진화했다는 점일지도 모른다. 이것이 바로 도시 바이옴의 식물학이다.

뉴기니아봉선화 교잡종은 롱우드식물원 육종 프로그램의 일환으로 야생에서 채집된 식물로부터 만들어졌다.

1장

이국적인 식물채집

"어떤 국가에 대한 가장 위대한 봉사는 그 문화권에
유용한 식물을 소개하는 것이다."
토머스 제퍼슨(Thomas Jefferson), 제3대 미국 대통령, 1800년경

훌륭한 실내식물 매장이나 원예용품점에 가면 놀랍도록 다양한 모양과 색채를 자랑하는 식물들을 만날 수 있다. 동아프리카 원산 아프리칸바이올렛의 파란색과 분홍색 꽃, 아시아산 알로카시아(Alocasia)의 진한 녹색 바탕에 문장(紋章) 같은 무늬가 새겨진 잎, 멕시코산 다육식물 에케베리아(Echeveria)의 때로는 꽃양배추처럼 보이는 기하학적인 로제트형 잎, 멕시코산 포인세티아의 다홍색과 분홍색 포엽(苞葉), 남아프리카산 오체각(Euphorbia ingens)의 긴 촛대를 닮은 연한 빛 가지. 이러한 식물들은 탄자니아의 안개 자욱한 고지대 숲, 아시아의 열대우림, 멕시코의 건조한 낙엽성 산림, 남아프리카의 반건조지대 등 다양한 야생 환경에서 채집된 것이다. 각각의 식물에는 야생에서 채집되던 순간부터 이후 수십 년(때로는 수백 년)에 걸친 육종과 선별의 대서사시에 이르기까지 여러 이야기가 담겨 있다. 이러한 식물들은 야생

에서 처음 식물이나 씨앗이 채집된 이래 인간을 위한 가공품으로 변화했으며 모양, 색깔, 생리 측면에서 야생종과는 점점 괴리가 커진 경우가 많다.

실내식물은 다양한 경로를 통해 서양에서 재배되기 시작했다. 아이작 베일리 밸푸어(Isaac Bayley Balfour)의 19세기 소코트라섬 원정에서 발견된 베고니아 소코트라나(Begonia socotrana)와 과학 탐사를 통해 발견된 엑사쿰 아피네(Exacum affine) 같은 식물도 있고, 식민지 탄자니아에서 온 최초의 아프리칸바이올렛처럼 외교관의 가방에 담겨 전달된 식물도 있고, 베이치 양묘장에서 파견한 '여행자들'처럼 상업적 수집가들에 의해 전해진 식물도 있다. 이 식물들은 개인 컬렉션이나 대학 내 식물원에서 외부로 방출 혹은 유출되었다. 드물게, 물봉선(Impatiens)을 찾아낸 롱우드식물원의 1970년 뉴기니 원정처럼 실내식물로 키울 만한 잠재력을 갖춘 식물을 찾기 위한 탐사도 있었다.[1] 하지만 새로운 식물을 찾기에 가장 편리한 장소를 꼽자면 그건 앞으로도 계속 다른 사람의 컬렉션 혹은 양묘장일 것이다. 힘든 현장 탐사는 끝났고, 식견을 지닌 전문가가 식물 상태 점검을 마쳤으며, 운이 따른다면 그 식물에 대한 수요가 증가할지도 모른다.

많은 식물 육종가들은 특이하거나 진기한 식물에게서 상업작물의 가능성을 발견했다. 이 사업에는 대규모 자금 투자와 수십 년의 연구가 필요할지도 모른다. 이것은 과학과 예술의 기묘한 연금술 공정으로, 점점 더 분자유전학의 영향을 많이 받고 있지만 여전히 육종가의 직관도 중요하게 작용한다. 많은 종들의 경우, 이 과정은 중단과 재개를 반복하며 복잡하게 진행되는데, 다양한 육종가들이 연구의 선봉에 서고 유행도 바뀌기 때문이다.

실내식물의 문화사

알로카시아 × 아마조니카(Alocasia × amazonica)의 기원은 일부 실내식물의 독특한 재배화 여정을 잘 보여준다. 진한 녹색 바탕에 흰 잎맥이 있고 잎의 뒷면은 종종 짙은 보라색을 띠는 이 아름다운 천남성과 식물은 두 개의 아시아 종, 즉 잎이 커다란 알로카시아 롱길로바 '왓소니아나'(Alocasia longiloba 'Watsoniana')와 알로카시아 산데리아나(Alocasia sanderiana)를 인위적으로 교배한 잡종이다. 알로카시아 산데리아나는 세인트알반스에 위치한 19세기 영국의 대형 양묘장 샌더스(Sander's)의 이름을 딴 것으로, 필리핀 원산이고 현재 심각한 멸종 위기에 처해 있다.[2] 이 품종명에서 '아마존(Amazon)'은 식물 육종가 살바도르 마우로(Salvadore Mauro)가 1950년대에 이 품종을 처음 탄생시킨 마이애미 소재의 양묘장을 기념하기 위해 붙여졌다.[3] 이 인위적인 잡종은 아프리카산도 아마존산도 아니지만, 놀랍도록 이국적이다.

정원 저술가 휴 플랫이 1608년 『식물 낙원』을 출간했을 때, 열대지방의 식물 다양성에 대한 대단한 기대 따윈 없었다.[4] 사람들은 그때까지 그 지역을 제대로 알지 못했고, 북쪽의 원예가들은 정보를 얻거나 매력을 느낄 만한 식물 이미지 자료를 접할 수 없었다. 열대식물을 산 채로 운송하는 건 거의 불가능했으며 그것을 어떻게 재배할지에 관한 정보는 부재하다시피 했다. 그러다가 이국적인 식물들이 서서히 유럽 시장에 등장하기 시작했다. 예컨대, 왕실 약제사이자 선구적인 선인장 수집가인 휴 모건(Hugh Morgan, 1530~1613)은 런던에서 카리브해 선인장(Melocactus)을 재배했고 아마도 판매까지 했던 것으로 보인다.[5] 선구적인 현장 식물학자이자 약제사인 토머스 존슨(Thomas Johnson)은 1633년 런던 홀본에 위치한 자신의 상점에 최초로 바나나 한 송이를 전시했다.[6] 위험하고 머나먼 열대지방이 식물학자와 수집가들의 상상

밖이었던 시절, 거의 대부분 유럽산 식물만 접해본 사람들에게 이 이상한 식물들이 얼마나 큰 충격이었을지 상상해보는 건 지금으로서는 쉽지 않다.

글로벌 무역이 발전함에 따라, 이전에는 별로 기대하지 않았던 열대의 생물다양성과 화려한 식물들이 서구인의 의식 속에 기정사실로 자리잡게 되었다. 흔하지 않고 추위에 약한 식물들을 '이국적(exotic)'이라는 말로 묘사한 기원을 살펴보면 영국의 약초상 존 제라드(John Gerard)로 거슬러올라간다. 그는 자신의 저서 『더 허벌The Herball』(1597)에서 '이국적(exotick)'이라는 표현을 사용했다.[7] 당시 남미에서 들여온 많은 이국적인 식물들은 여전히 여름 정원 혹은 열대 정원의 단골 식물이며, 거기에는 그윽한 향기를 자랑하는 튜베로즈(Polianthes tuberosa, 현재는 Agave amica)와 분꽃(Mirabilis jalapa)이 포함된다.

이 새롭고 연약한 식물들은 재배 설명서 없이 도착했으므로, 휴 모건과 존 트러데스컨트 1세(John Tradescant the Elder, 1570~1638년경)처럼 유능한 원예가들은 본인의 예리한 직감을 이용해 이 식물들을 재배하고 번식시킬 방법을 찾아야 했다. 우리는 이 새롭고 이국적인 식물들이 아마도 짚으로 꽁꽁 싸매진 채로 헛간에서 겨울을 났을 것이며 일부는 집안으로 들어왔을 것으로 짐작할 수 있다. 동절기 치사율은 상당히 높았을 것이다. 훗날, 존 이블린(John Evelyn, 1620~1706)은 자신의 미출간 저서 『엘리시움 브리타니쿰Elysium Britannicum』에서 초창기 온실의 난방법에 대해 설명했다. "커다란 팬에 담긴 석탄에 꼼꼼히 불을 붙이고 (…) 다음으로 그것을 손수레에 옮겨 담고, 두 사람이 온실 구석구석 그 손수레를 조심스럽게 끌고 다닌다."[8] 혹독한 겨울이 끝날 무렵, 식물의 상태와 원예가들의 폐 상태가 얼마나 끔찍했을지

필로덴드론 기간테움(Philodendron giganteum)처럼 커다란 잎을 가진 천남성과 열대식물들은 수세기 동안 원예가들을 매혹시켰다.

상상하는 건 어렵지 않다.

천남성과(Araceae) 열대식물, 특히 신대륙 원산의 잎이 커다란 필로덴드론과 몬스테라는 식물학적 발견과 상업적 묘사가 원예가들의 열정에 어떻게 불을 지피고 이들이 어떻게 인기 있는 실내식물로 자리잡았는지 잘 보여준다.[9] 북쪽의 원예가들은 첫 만남부터 이 머나먼 '열대지방'의 감질나는 조각들에 완전히 매료되었다. 천남성과에는 인기 많고 인상적인 실내식물이 많이 포함되어 있는데 일부를 소개하자면 다음과 같다. '중국 상록수(Chinese evergreen)'라고 불리는 아글라오네마(Aglaonema), 잎이 커다란 알로카시아와 토란(Colocasia), '홍학꽃'이라고도 불리는 안스리움(Anthurium), 요란하게 아름다운 칼라디움, 잎에 무늬가 있는 디펜바키아, 강력한 덩굴식물인 에피프레넘(Epipremnum), 몬스테라, 스킨답서스(Scindapsus), 필로덴드론, 그리고 소철을 닮은 금전초, 흰 꽃이 피는 스파티필룸(Spathiphyllum) 등이다. 이들은 대체로 열대 숲에서 착생식물 혹은 반착생식물로 자란다. 반면 금전초는 건조한 초지대에서 육상식물로 자라며—천남성과 식물로는 드물게도—CAM(크래슐산 대사) 광합성 경로를 이용한다. CAM 광합성 경로는 물을 효율적으로 이용하는 형태의 광합성으로, 식물이 절기에 따라 건조한 서식지에서 자랄 수 있게 하고 방치된 실내식물이 생존하도록 한다.[10] 전통적으로 열대어항에서 재배되었지만 점차 테라리움(혹은 팔루다리움)에서도 재배되는 다른 천남성과 열대식물 그룹도 있다. 여기에는 아시아산 크립토코리네(Cryptocoryne)와 아프리카산 아누비아스(Anubias)가 포함된다.

천남성과 열대식물에 대한 온대 세계의 관심은 카리브해에서 식물을 채집하던 프랑스 식물학자이자 수도사인 샤를 플뤼미에(Charles Plumier, 1646~1704)로부터 시작되었다. 천남성과 열대식물(필로덴드론)은 앞서 독일 자연주의자 게오르크 마르크라베(Georg Marcgrave, 1610~1644)에 의해 브라질에서 채집되었지만, 그와 관련하여 실질적인 과학연구를 시작한 것은 플뤼미에다. 그는 1689년의 여정을 기록한 저서 『아메리카의 식물 설명Description des plantes de l'Amérique』(1693)에서 이 식물들의 기묘한 성장과 화려한 잎을 묘사했다. 플뤼미에는 1693년에 두번째 여정을, 1695년에는 세번째 여정을 떠났다. 당시의 많은 자연주의자처럼 플뤼미에는 유럽에서는 재배될 수도 없고, 산 채로 유럽으로 옮겨질 수도 없는 종들을 글과 그림으로 묘사했다. 이 특별한 식물들은 호기심을 자극하지만 손에 닿을 수 없는 대상으로 남아 있었다.

플뤼미에에 뒤이어 일련의 위대한 식물학자들이 등장했고, 그들은

실내식물의 문화사

갈라진 잎과 기근을 가진 필로덴드론 멜로바레토아눔(Philodendron mello-barretoanum)은 커다랗고 특징적인 실내식물이다.

각각 천남성과 열대식물의 놀라운 풍요로움을 세상에 알리고 기록했다. 한때 빈대학교 식물원의 원장이었던 니콜라우스 조셉 폰 자킨(Nikolaus Joseph von Jacquin, 1727~1817)은 쉰브룬궁전의 황실 정원을 위해 동식물을 수집했다. 그는 고용주인 황제 프란츠 1세(Emperor Francis I)로부터 구체적이긴 하나 아주 도움이 된다고는 할 수 없는 수집 원칙을 전달받았다. "사자와 호랑이는 이번 임무에서 제외된다. (…) 나의 정원에 어울릴 만한 희귀한 꽃들을 개인적으로 선택할 것. (…) 생김새가 아름답거나 향이 좋은 꽃들만 선택할 것. (…) 하지만 눈앞에 놓인 것은 모두 훌륭하다고 믿는 정원사와 같은 성향은 지양해야 한다."[11] 폰 자킨은 카리브해에서 4년(1755~1759)을 보냈고 그곳에서 필로덴드론을 비롯한 천남성과 열대식물을 채집했다.

폰 자킨의 뒤를 이은 인물은 마찬가지로 오스트리아인이자 식물학

W. Fitch. del.et lith.

금전초는 매우 건조한 동아프리카 원산이며 사실상 죽지 않는 실내식물로 여겨진다. 〈커티스 보태니 컬 매거진〉 삽화, 제98권(1872).

아글라오네마(Aglaonema)는 동남아시아와 뉴기니 원산이며 인기 있는 천남성과 실내식물이다.

자인 하인리히 빌헬름 스콧(Heinrich Wilhelm Schott, 1794~1865)이었다. 그는 빈대학교 식물원 소속 원예가의 아들로, 방대한 식물 컬렉션 틈에서 자랐다. 1815년에 벨베데레 궁전의 원예가가 되었고, 폰 자킨의 추천으로 식물학자 카를 프리드리히 필리프 폰 마르티우스(Carl Friedrich Philipp von Martius), 요한 뱁티스트 폰 스픽스(Johann Baptist von Spix), 요한 크리스티안 미칸(Johann Christian Mikan)과 함께 브라질로 과학 탐험을 떠나게 되었다. 탐험을 마치고 온 뒤, 스콧은 쉰브룬 궁전 동식물 컬렉션의 관리자직을 얻게 되었다. 그는 비범한 에너지와 과학적 생산성을 지닌 사람이었다. 그는 안스리움, 스킨답서스, 에피프레넘, 몬스테라, 스파티필룸, 필로덴드론, 디펜바키아(쉰브룬궁전의 수석 원예사 요제프 디펜바흐Joseph Dieffenbach의 이름을 따서 붙인 학명)를 비롯해 현재 실내식물로 인기 많은 여러 속(屬)의 열대식물을 묘사했다.

이국적인 식물채집

스콧은 최초로 천남성과 식물에 관한 논문을 쓴 전문가이다. 그의 가장 큰 유산은 아마도 저서 『천남성과의 아이콘들Icones Aroidearum』 (1857)에 포함된, 화려한 잎의 천남성과 식물들을 수채와 연필로 묘사한 3,400장 이상의 아름다운 그림들일 것이다. 플뤼미에의 선화(線畵)는 천남성과 식물의 잎이 가진 기이한 형태를 잘 보여준 반면, 그 식물들의 휘황찬란한 색감과 질감을 전달한 사람은 스콧이었다. 이 수채화는 쇤브룬궁전에서 자란 식물들을 보고 그린 것으로, 이 특별한 이미지 모음집은 천남성과 열대식물에 대한 원예 열풍을 일으켰던 것으로 보인다. 무해하고 풍요로운 열대의 일부로서 천남성과 식물들이 가진 매력을 가장 구체적으로 보여준 것은 스콧의 기념비적인 저서 『막시밀리아노의 천남성과 식물Aroideae Maximilianae』(1879)에 실린 권두삽화였다. 금강앵무와 파란 모르포나비 같은 열대의 상징들이 숲을 날아다니는 가운데, 커다란 열대 나무를 둘러싼 천남성과 열대식물들이 그려져 있다.

이러한 천남성과 열대식물 중에서 가장 대표적인 종류는 외양이 화려하고 어쩌면 지나치게 친숙한 몬스테라일지도 모른다.[12] 샤를 플뤼미에는 몬스테라속을 '아룸 헤데라케움 암플리스 폴리스 페르포라테스(Arum hederaceum amplis foliis perforates)'라는 이름으로 설명하고 묘사한 최초의 서양 식물학자였다. 오늘날의 식물 매장에서 판매되는 그 종은 1832년 헝가리 식물학자 빌헬름 프리에드리치 카르빈슈키 본 카르빈(Wilhelm Friedrich Karwinsky von Karwin, 1780~1855)에 의해 멕시코에서 처음 채집되었다. 하지만 그가 채집해서 말린 표본은 뮌헨 식물표본실에서 분실되었다. 카르빈슈키는 다른 쪽으로도 유명하다. 매력적인 오레곤개망초, 즉 에리게론 카르빈스키아누스(Erigeron

몬스테라의 잎. 화려한 실내식물이며 열대우림의 덩굴식물이자 큰 잎이 돋보이는 열대의 상징.

karvinskianus)는 카르빈슈키의 이름을 딴 것이며, 그는 살아 있는 포인세티아를 멕시코에서 독일로 보내기도 했다.

몬스테라가 그다음으로 채집된 것은 1842년, 덴마크 식물학자 프레데릭 리브만(Frederik Liebmann, 1813~1856)에 의해서였다. 그는 이 종에 이름을 붙이고 멕시코에서 코펜하겐으로 꺾꽂이묘를 들여왔다. 이후 폴란드 식물학자 유제프 바르셰비치 리테르 본 라비치(Józef Warszewicz Ritter von Rawicz, 1812~1866)가 1846년에 컬렉션을 완성했으며 과테말라에서 베를린으로 꺾꽂이묘를 보냈다. 오늘날 우리의 거실을 장식하고 있는 몬스테라는 리브만과 바르셰비치의 두 컬렉션에서 파생된 것일 가능성이 높다. 몬스테라는 범(汎)열대 정원식물 중 하나이며, 많은 사람에게 잎이 크고 화려한 열대식물의 상징이다. 반면 어떤 사람들에게 몬스테라는 본질적으로 키치(kitsch, 천박하고 저속한 모조품 또는 대량생산된 싸구려 상품을 이르는 말—옮긴이)한 것으로, 플라스틱으로 만든 홍학, 티키 바(tiki bar, 이국적인 열대 분위기로 꾸미고 칵테일 등의 술을 파는 곳—옮긴이), 만개한 히비스커스 꽃과 함께 '싸구려' 열대 소품의 만신전을 구성하는 요소로 여겨진다.

다른 많은 실내식물과 마찬가지로, 야생 몬스테라를 보면 우리가 키우는 식물은 성장이 억제된, 진짜의 그림자일 뿐임을 알 수 있다. 야생 혹은 열대 정원에서 몬스테라는 나무를 타고 20미터 이상 빛을 향해 올라가며 멋진 덩굴을 이룬다. 이 몬스테라는 성숙했을 때만 꽃을 피우고 열매를 맺는데, 잘 익은 열매는 파인애플과 구아바가 섞인 듯한 향긋함과 달콤함을 자랑한다. 덩굴은 주로 땅위에서 묘(苗) 상태로 생장하기 시작하며 아주 작은 잎이 달리고 제멋대로 뻗은 덩굴이 수직으로 자란다.[13] 이때 이상한 행동이 발견된다. 몬스테라는 처음에 나무

그늘의 가장 어두운 곳을 향해 자라는데(빛을 피해서 자라나는 성장 패턴으로 '스코토트로피즘skototropism'이라 불림), 나무를 발견해 덩굴을 고정시킨 이후부터는 빛을 향해 위로 자란다.[14] 위로 자라면서 더 많은 빛을 받으면 잎이 커지고 줄기가 두꺼워지고 잎의 구멍이 더 뚜렷해진다. 우리가 실내식물로 키우는 몬스테라는 충분한 햇빛과 연관이 있는 구멍 뚫린 잎을 가지고 있어 생리적으로 모두 성체이며, 성숙한 잎을 가진 식물의 줄기를 잘라 삽목해서 번식시킨다.

식물 사냥을 연구한 역사가 타일러 휘틀(Tyler Whittle)은 식물 소개의 역사를 워디언 케이스 이전 시기와 이후 시기로 나누며 워디언 케이스가 열대식물을 유럽 주변으로 안전하게 수송할 수 있는 길을 터주었다고 말한다.[15] 앞서 언급한 바와 같이, 워디언 케이스는 빅토리아시대의 오염된 주택 내에서 열대식물을 재배할 수 있게끔 해주었다. 이 시기 동안, 열대식물 원예에 관한 전문지식이 비약적으로 늘어났고, 대형 상업 양묘장들은 개인 재배자가 됐건 대규모 토지 소유주가 됐건 수집가들의 열정을 만족시키고 장려하고자 했다. 수입된 식물들은 멀리 떨어진 세계를 대표하는 특사가 되었다. 그것들은 많은 것을 상징했다. 모험, 로맨스, 도피의 기운, 무역과 이윤의 상업 단위, 야심만만한 식물 육종가를 위한 팔레트, 무엇보다 지위와 야망의 지표에 이르기까지.

열대 실내식물과 재배자의 공동진화가 시작되었다. 19세기 양묘업체들은 본질적으로 참신함에 기반한 비즈니스의 매출과 위신을 끌어올리기 위해, 치열한 천남성과 열대식물 발굴 경쟁에 뛰어들 채집가들을 고용했다. 그런 업체 중 하나가 런던과 엑서터에 소재한, 유럽 최대 가족 경영 양묘업체인 베이치였다. 베이치는 식물 수집가로 구성된 팀

이국적인 식물채집

을 운영했고, 이들 중 다수는 오늘날 인기 실내식물로 자리잡은 여러 천남성과 식물들을 처음 소개했다. 여기에는 토머스 롭(Thomas Lobb)과 존 굴드 베이치(John Gould Veitch)가 열대 아시아에서 발견한 알로카시아와 스킨답서스 종, 찰스 커티스(Charles Curtis)가 역시 열대 아시아에서 발견한 아글라오네마 종, A. R. 엔드레스(A. R. Endres), 구스타프 월리스(Gustav Wallis), 길레르모 칼브라이어(Guillermo Kalbreyer)가 남미에서 발견한 (화려한 '안스리움 베이치Anthurium veitchii를 포함한) 안스리움 종, 데이비드 보먼(David Bowman)과 리처드 피어스(Richard Pearce)가 남미에서 발견한 디펜바키아 종이 포함된다. 베이치 양묘장은 고용된 수집가들에게 절대적인 충성심과 상업적 성과를 기대했다. 성공에 대한 찬사는 뜨거웠고, 실망스러운 수집가에 대한 비판은 냉혹했다. 이 회사의 역사 기록인 『호르투스 베이치Hortus Veitchii』(1906)에서 익명성이 잘 지켜진 한 수집가는 "식물채집에 딱히 재능이 없고 전문가의 직관이 완전히 결여되어 있으므로 (…) 본국으로 소환되어야만 했다"고 묘사된다.[16] 윌리엄 롭(William Lobb), 리처드 피어스, 데이비드 보먼, 헨리 허튼(Henry Hutton), 고틀리프 잔(Gottlieb Zahn), J. 헨리 체스터턴(J. Henry Chesterton), 구스타프 월리스 같은 일부 베이치 '여행자들'은 해외에서 사망해 본국으로 귀환하지 못했다.

리처드 스틸(Richard Steele)은 『원예에 관한 에세이An Essay Upon Gardening』(1793)에서 신사 수집가들에게 온실을 만들어 새로운 식물들을 키워볼 것을 권한다. "미지의 바다를 항해하고 음울한 섬과 사막을 횡단하고 양쪽 인도의 숲을 수색하고 불타는 열대의 땅을 탐험하는 등 위대한 성과를 거둔 사람들이 직접 소개한, 경이로울 정도로 다양한 희귀 식물들"을 추천하는 내용이었다.[17] 가장 최근에 소개된 열대

금전초의 소철 같은 빳빳한 잎.

식물들을 묘사한 신간 원예 잡지들도 수집가의 열정에 불을 붙였다. 양묘업체에서 잡지를 발행하는 경우도 있었는데, 대표적인 예로는 런던의 로디지스가 발행한 〈보태니컬 캐비닛Botanical Cabinet〉과 벨기에의 반 하우트가 발행한 〈플로르 데 세르 에 데 자르뎅 드 류롭Flore des serres et des jardins de l'Europe〉이 있다. 아름다운 삽화가 실린 다른 잡지로는 〈커티스 보태니컬 매거진Curtis's Botanical Magazine〉(현재도 발행중), 〈릴루스트라시옹 오띠콜L'Illustration horticole〉, 〈라 벨지크 오띠콜La

Belgique horticole〉이 있다.

　일부 천남성과 열대식물들은 오랫동안 '잠든 듯' 있다가 유행이나 기술 발전에 힘입어 실내식물 시장에 진입하게 되었다. 대표적인 사례는 소철 혹은 다육식물처럼 생긴 금전초인데, 상업 시장에서는 'ZZ'로 불린다.[18] 이 식물은 1828년 '칼라디움 자미아이폴리움(Caladium zamiaefolium)'으로 처음 소개되었지만, 스콧에 의해 자미오쿨카스속(Zamioculcas)으로 재분류되었다. 처음에는 브라질 원산으로 알려졌지만, 실은 존 커크가 1869년 동아프리카의 잔지바르에서 큐 왕립식물원으로 보낸 것이다. 유럽과 북미에서 널리 재배되고 있는 몇 안 되는 아프리카 원산의 천남성과 식물이며 거의 죽지 않는 식물로 잘 알려져 있다. 하지만 이 식물은 100년 이상 조용히 재배된 후에 비로소 상업적인 원예가들의 관심을 받게 되었다. 오늘날 창턱에 놓인 이 식물은,

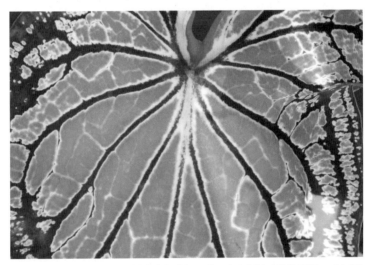

태국산 칼라디움 교잡종의 잎을 확대한 사진. 지난 150년 동안 칼라디움 육종의 중심은 프랑스에서 미국으로, 그리고 현재는 태국으로 넘어갔다.

가뭄에 시달리던 야생 포본보다 더 통통하고 윤기 있다는 점만 제외하면 거의 달라진 게 없다.

반면 어떤 종들은 소개되자마자 단번에 원예가들의 눈길을 사로잡고 수세기에 걸쳐 영리한 육종가들에 의해 개량되었다. 대표적인 예는 열대 남미 원산의 천남성과 식물 칼라디움이다. 이 식물은 19세기에는 유럽 육종가들, 그 이후로는 미국 육종가들에 의해 개량되었고, 현재는 태국 육종가들에 의해 변화를 거듭하고 있다. 칼라디움은 프랑스 자연주의자 필리베르 코메르송(Philibert Commerson)이 1767년 브라질에서 발견했으며 곧 영국에도 상륙했다. 왕립 카탈로그 〈호르투스 큐엔시스Hortus Kewensis〉는 1789년에 이를 아룸 비콜로르(Arum bicolor)로 목록에 올려놓았다. 칼라디움 육종에 나선 첫 유럽인은 1860년대 벨기에 양묘업자 루이스 반 하우트(Louis van Houtte)와 프랑스 난초 육종가 알프레드 블뤠(Alfred Bleu)였다. 그들이 내놓은 두 개의 교잡종인 '트리옴프 드 렉스포지시옹(Triomphe de l'Exposition)'과 '칸디덤(Candidum)'은 오늘날까지도 시장에서 거래되고 있다.

칼라디움의 첫 공개 전시회는 1867년 파리 만국박람회에서 열렸다. 칼라디움은 1893년 시카고 세계박람회를 통해 미국에 처음 소개되었는데, 독일계 브라질인 원예가 아돌프 라이체(Adolph Leitze)가 제공한 식물들이었다. 선구적인 플로리다 양묘업자 헨리 널링(Henry Nehrling)은 이 식물을 구입해 올랜도 근처 고타에 위치한 자신의 팜 코티지 가든(Palm Cottage Gardens)에서 육종을 시작했다. 그는 한때 연간 25만 개의 덩이줄기를 심었으며 이는 약 1,500개 품종에 달했다고 알려져 있다. 이중 다수는 오늘날까지 시장에서 거래되고 있는데, 여기에는 '미시즈 W. B. 홀데먼(Mrs W. B. Haldeman)', '아르노 넬링(Arno

Nehrling)', '존 피드(John Peed)', '패니 먼슨(Fannie Munson)' 등이 포함된다. 칼라디움의 화려한 잎 색깔과 문양은 원예가들에게 일종의 '마마이트(Marmite, 이스트 추출물로 만든 식품으로 호불호가 극명히 갈린다—옮긴이) 테스트'가 된다. 누군가에게는 눈부시게 이국적이고, 다른 누군가에게는 섬뜩하도록 기괴하게 느껴지기 때문이다. 조리 카를 위스망스(Joris-Karl Huysmans) 같은 프랑스의 세기말 작가들은 칼라디움의 색감과 질감에서 육체의 병적인 상태를 발견했다.

정원사들이 수레에서 내리고 있는 여러 칼라디움의 줄기는 털이 달린 채 부풀어 있었고 거대한 잎에는 심장 모양이 찍혀 있었다. 잎에 찍힌 모양은 서로 엇비슷하지만, 똑같은 모양은 없었다.

버지널(Virginal) 같은 분홍색의 기이한 식물은 영국산 태피터로 제작한 빛 바랜 캔버스를 잘라낸 것처럼 보였고, 알베인(Albane)처럼 온통 하얀 식물은 황소의 투명한 입술을 잘라낸 것처럼 보였으며 (⋯) 오로라 보레알리스(Aurora Borealis) 같은 식물은 보라색 늑골과 보라색 섬유 무늬, 블루 와인과 피를 흘리는 부풀어오른 잎으로 된 생고기 같았다.[19]

역사적으로 칼라디움의 상업적인 생산은 플로리다 중부의 레이크 플래시드에 집중되었다. 그곳 약 485헥타르의 땅에서 칼라디움이 재배되고 있다. 여름철 이 재배지는 네덜란드 쾨켄호프의 구근 재배지에 비유되곤 하는데, 물론 모기가 훨씬 많다는 차이점이 있다. 칼라디움 개발 역사의 다음 무대는 플로리다에서 태국으로 옮겨진다. 태국에서는 새로운 세대의 육종가들이 화려한 신품종을 개발했다. 한때 태국

특히 태국에서 활발히 진행중인 최근의 육종은 아글라오네마 같은 실내식물을 완전히 바꿔놓았다.

왕실 정원의 특권이었던 태국 칼라디움은 노란색, 진홍색 등 눈부시게 선명한 색상과 반짝이는 잎 덕분에 화려하고 생동감 넘친다. 이것은 사막장미(Adenium), 아글라오네마, 꽃기린(Euphorbia milii) 같은 마다가스카르산 유포르비아 식물 등 다른 관상용 열대식물들을 개량한 경험이 있는 태국 육종가들이기에 가능한 마술이다.

포인세티아는 실내식물로 한철 머물다가 버려지는 그룹에 속한다. 불과 몇 달간 집안에서 길러지다가 꽃이 지면 폐기되는 것이다. 비록 장기적인 관계를 위한 종은 아니지만, 글로벌 무역에서 가장 중요한 실내식물 중 하나이다. 가장 흔히 쓰이는 명칭인 '포인세티아'는 이 식물을 남부 멕시코에서 발견한 미국 외교관이자 아마추어 식물학자인 조엘 로버츠 포인세트(Joel Roberts Poinsett, 1779~1851)의 이름을 딴 것이다.[20] 포인세트는 멕시코로 파견된 미국 최초 전권위원(국제조약 및 외교에서 국가를 대표하는 권한을 위임받아 파견되는 외교사절—옮긴이)이었으며 이에 따라 필라델피아 과학계의 동료들과 함께 1828년 멕시코 곳곳을 여행했다. 이 일행에는 포인세트의 오랜 친구인 윌리엄 매클루어(William Maclure), 지질학자 윌리엄 키팅(William Keating), 여러 식물학자를 배출한 바트람 가문 출신의 토머스 세이(Thomas Say)가 포함되어 있었다.

매클루어가 포인세티아를 필라델피아의 바트람식물원으로 가져온 것은 포인세트가 귀국하기 이전이었을 가능성이 높다. 식물원을 운영하고 있던 로버트 카(Robert Carr) 대령은 이 식물의 스타성을 단번에 알아봤고, 1829년 6월 펜실베이니아 원예학회(Pennsylvania Horticultural Society)의 첫번째 화훼 전시회에 "미국이 멕시코에 파견

포인세티아는 수많은 가정에서 전통적인 크리스마스 식물로 이용되지만, 2월 이후까지 살아남는 식물은 극소수에 불과하다.

존 루이스 차일즈(John Lewis Childs)의 가을 종자 카탈로그 뒤표지에 실린 포인세티아, 1923.

한 포인세트 대사가 바트람 컬렉션으로 보내온, 선명한 붉은색 포엽
혹은 화엽을 가진 새로운 유포르비아속 식물"로 소개했다. 그리고 이

식물은 필라델피아에서 에딘버러의 왕립식물원으로 보내졌다. 포인세트의 다른 위대한 업적은 사람들이 잘 모르는 경우가 많다. 그는 미국 탐사원정대(United States Exploring Expedition, 1838~1842)의 설립에 중추 역할을 했고, 오늘날 스미스소니언 협회(Smithsonian Institution)로 알려진 국립과학유용연구소(National Institute of Science and the Useful)의 창립 멤버였다.

포인세트가 이 식물에 주목한 것은 높이 살 만한 일이지만, 그가 이 식물을 발견했다는 건 잘못된 표현이다. 이 종은 아즈텍인들에게 문화적으로 중요한 식물이었다. 그들은 이 식물을 '쿠에틀락소치틀(cuetlaxochitl)'이라 부르며 염료나 화장품으로 사용하고 왕궁과 사원을 장식할 때도 썼다. 이처럼 화려한 식물이 여행중인 지배국 식물학자의 눈에 띈 건 어쩌면 필연적인 일이었으리라. 실제로 멕시코 식민시대 초기의 모든 주요 식물학자들이 이 장엄한 붉은색 포엽을 눈여겨보았다.[21] 프란시스코 에르난데스 데 톨레도(Francisco Hernández de Toledo, 1515~1587년경)는 '쿠에틀락소치틀'이 "아주 화려한 빛깔의 잎"을 가지고 있다고 언급했다. 스페인의 저명한 과학자 마르틴 세세 이 라카스타(Martín Sessé y Lacasta)와 호세 마리아노 모시뇨(José Mariano Mociño)의 통솔 아래 뉴스페인으로 파견된 왕립식물원정대 (1787~1803)는 최초의 과학 표본을 수집하고 '유포르비아 파스투오사(Euphorbia fastuosa)'라는 이름이 붙은 최초의 식물화를 보내왔다. 그 다음으로는 알렉산더 폰 훔볼트(Alexander von Humboldt)와 에메 봉플랑(Aimé Bonpland)이 1803년 멕시코에 도착했고 여정 동안 '유포르비아 코키네아(E. coccinea)'와 '유포르비아 디베르시폴리아(E. diversifolia)'라는 이름으로 식물 컬렉션을 만들었다. 그뒤를 따른 것은

1828년의 크리스티안 율리우스 빌헬름 시데(Christian Julius Wilhelm Schiede)와 페르디난트 드페(Ferdinand Deppe)였다. 바로 그 무렵 포인세트도 자신의 컬렉션을 만들었고, 1833년 카르빈슈키는 살아 있는 식물을 베를린으로 보냈다. 이 컬렉션을 통해 요한 클로츠(Johann Klotzsch)는 이 식물에 오늘날 우리가 사용하고 있는 학명인 '유포르비아 풀케리마(E. pulcherrima)'라는 이름을 붙여주었다.

이 종은 멕시코 내의 기독교 도상학에 흡수되었고, 개화 시기가 크리스마스 무렵이므로 '크리스마스 이브의 꽃(la flor de Nochebuena)' 이 되었다. 기존의 아즈텍 제사 의식과 기독교의 새로운 종교적 상징성은 편리하게 연결되었다. 이에 따라 프란치스코회 사제들은 성탄 행진(Nativity processions)에서 이 꽃을 사용하기 시작했다.

야생에서 포인세티아는 하늘하늘한 관목 또는 아교목으로 4미터 높이까지 자란다. 오늘날의 실내식물은 야생종의 키 작은 형태로, 실내 공간에 적합하며 (의미 없는 흰색을 포함해) 다양한 색깔, 농도, 질감의 포엽을 자랑한다. 포인세티아의 재배화는 이 식물이 소개된 지 약 한 세기가 지난 후에 본격적으로 시작되었는데, 당시의 원예가 폴 에크 1세(Paul Ecke Sr, 1895~1991)가 바통을 넘겨받았다. 그는 1920년대에 이 아열대 관목이 가진 실내식물로서의 가능성에 주목하며 캘리포니아에서 재배를 시작했다. 처음에는 할리우드에서, 나중에는 엔시니타스에서 재배했으며 폴 에크 목장(Paul Ecke Ranch)이 위치한 엔시니타스에서는 여전히 포인세티아가 생산중이다. 그의 홍보 노력 덕분에 포인세티아는 미국과 그 밖의 많은 나라에서 크리스마스의 상징으로 자리매김했다.

포인세티아의 재배화는 원예 연구와 생산의 고도화에 힘입어 일련

멕시코시티 대성당 앞 광장을 장식한 포인세티아.

의 기술적 돌파구가 마련되면서 가능해졌다.[22] 초기 식물들은 연약했고 화려한 색상의 포엽은 수명이 짧고 금방 잎이 떨어졌지만, 그럼에도 불구하고 포인세티아는 실내식물로 인기를 끌었다. 한 가지 문제점은 크리스마스 판매 시점에 맞춰 식물을 준비하는 것이었다. 그러다가

광주기성, 즉 식물이 낮과 밤의 길이에 따라 보이는 식물의 생장 반응을 알아냈고 양묘장에서는 암막 커튼으로 식물의 개화 시점을 조절할 수 있게 되었다. 1950년대 중반부터 선발 육종에 초점이 맞추어졌는데, 그로 인해 색상이 더 아름다워졌고 생산 작물로서 포인세티아의 활력이 강해져 잎의 노화가 늦춰지고 잎이 덜 떨어지게 되었다. 1980년대에는 접붙이기를 통해 무해한 파이토플라스마를 식물에 유입시키면 분지(分枝)가 증가해 결과적으로 더 많은 꽃이 핀다는 사실이 밝혀졌다. 또다른 혁신의 예를 들자면, 적절한 가지치기와 화학적 생장조절제를 통해 식물의 크기를 효과적으로 줄여 불과 가지 하나 정도의 크기로 축소할 수 있게 된 것이다. 최근에는 병해저항성을 키우기 위해 유전자를 조작하기도 한다.[23] 번식 방식도 근본적으로 바뀌었다. 20세기 초, 식물은 캘리포니아, 플로리다, 텍사스의 노지에서 자란 뒤 뿌리째 뽑힌 어미그루가 선박으로 옮겨졌고, 미국 북동부의 시장 인근에서 꺾꽂이로 번식되었다. 하지만 오늘날에는 남미의 양묘장에서 생산된 꺾꽂이묘가 항공으로 운송된다.

야생 포인세티아 개체군의 유전자 분석을 통해 오리지널 포인세티아 컬렉션의 기원지는 멕시코 게레로주 남부의 탁스코 인근임이 밝혀졌다. 또한 이 연구는 기존의 육종 프로그램이 이 종이 가진 유전적 다양성 중 아주 작은 부분만을 활용했다는 사실도 발견했다. 다시 말해, 야생종의 유전적 다양성의 나머지 많은 부분을 새로운 포인세티아 육종 프로그램에 활용할 수 있다는 뜻이다.[24] 바로 여기에 조엘 포인세트의 유산에 대한 멕시코인들의 오랜 적개심을 잠재울 기회가 있을지도 모른다. 멕시코에서는 '포인세티스모(poinsettismo)'라는 단어가 멕시코 문제에 대한 미국의 오만과 개입을 의미하는 형용사로 쓰인다. 멕

렘브란트 필(Rembrandt Peale), 〈루벤스 필과 제라늄Rubens Peale with a Geranium〉, 1801, 캔버스에 유채. 사실 루벤스가 들고 있는 것은 펠라르고늄이다. 루벤스와 렘브란트는 미국 최초의 과학 박물관을 설립한 찰스 윌슨 필(Charles Wilson Peale)의 두 아들이다.

시코 육종가들이 멕시코 식물을 이용해 새로운 세대의 포인세티아 품종을 개발중이며 이것은 '쿠에틀락소치틀'의 귀환을 의미한다.[25] 2002년 미국 의회는 포인세트와 그가 발견한 식물을 기리기 위해 그의 사망일인 12월 12일을 포인세티아의 날로 지정했다.

서양 열강들의 세계 탐험이 진행되면서 식물 발견의 새로운 장이

실내식물의 문화사

열렸다. 그중 하나는 남아프리카의 케이프 지역으로, 서양 과학자들이 지중해와 북대서양 섬들 너머에 존재하는 거대한 식물 다양성을 깨닫게 된 최초의 최전선 중 하나였다. 남아프리카는 여러 귀중한 실내식물의 원산지로 드러났다. 17세기 초 무렵에는 케이프 지역의 다양한 식물들이 네덜란드 정원에서 재배되었고 거기서부터 유럽 전역으로 퍼져나갔다. 이처럼 초반에 소개된 식물로는 오니소갈룸(Ornithogalum), 하이만투스(Haemanthus), 네리네(Nerine), 칼라(Zantedeschia), 아마릴리스 벨라도나(Amaryllis belladonna) 같은 관상용 구근식물들이 있다. 1630년대에 존 트러데스컨트 1세는 아름다운 펠라르고늄 트리스테(Pelargonium triste)를 기르고 있었고 이에 따라 영국인들의 애틋한 '제라늄' 사랑이 시작되었다. 남아프리카 원산의 '제라늄'은 1789년 샤를 루이 레리티에 드 브루텔(Charles Louis L'Héritier de Brutelle)에 의해 펠라르고늄속(Pelargonium)으로 분류되었고, 이에 따라 내한성 초본류인 제라늄속(Geranium)과 추위에 약한 펠라르고늄속이 구분되었다. 이로 인해 빚어진 혼란은 오늘날까지 계속되고 있으며 셜리 히버드(Shirley Hibberd)의 『아마추어의 유리온실과 온실The Amateur's Greenhouse and Conservatory』(1873)에서도 확인할 수 있다.

청중 중에 식물학자들이 있다면 '펠라르고늄'이라고 말하고 모든 결과를 감수하자. 하지만 그렇게 까다롭고 유난스러운 양반들이 없는 자리에서 그 식물을 '제라늄'이라고 부른다면, 청중은 한 명도 예외 없이 당신이 하는 말이 무슨 뜻인지 이해할 것이다.[26]

이국적인 식물채집

접란 '파이어 플래시'는 조금 더 흔한 접란의 화려한 친척이다.

실내식물로 유명한 접란(Chlorophytum comosum)은 남아프리카 원
산으로, 1794년 칼 페테르 툰베리(Carl Peter Thunberg)에 의해 발견되
었다. 이것은 어쩌면 가장 널리 재배되는 실내식물이자 가장 재미없는
식물일지도 모른다. '클로로피툼(Chlorophytum)'이라는 속명(屬名)은
단순히 '녹색식물'을 의미한다. 하지만 때로는 수수께끼 같은 식물이
이력도 없이 시장에 등장하기도 한다. 대표적인 예는 화려한 접란 '파
이어 플래시'(C. 'Fire Flash')인데, 반들거리는 잎, 선명한 주황색 잎자
루와 주맥 덕분에 점점 더 인기를 끌고 있다. 이 품종은 아프리카 야생
종으로부터 파생되었으며 태국에서 재배되고 선별된 것으로 보인다.

케이프 지역의 또다른 선물인 프리지어는 가정에 색과 향을 더해주
는 식물로 오랫동안 재배되었다.[27] 상업 작물이자 실내식물로서 프리
지어의 개발은 구근 전문가이자 육종가 막시밀리안 라이히틀린
(Maximilian Leichtlin, 1831~1910)에게로 거슬러올라간다. 그는 1870년

실내식물의 문화사

칼라디움의 잎 무늬는 이국성과 기괴함을 넘나든다.

대에 파도바의 식물원에서 발견한 무명의 노란 꽃 식물(나중에 이 식물에 '프리지어 라이히틀리니Freesia leichtlinii'라는 이름을 붙여주었다)을 비롯한 야생종들을 교배하기 시작했다. 붉은 꽃이 피는 프리지어 코림보사(Freesia corymbosa)가 새로운 색을 내놓기 위해 사용되었고, 20세기 초에는 반 투베르겐(Van Tubergen)을 비롯한 네덜란드 양묘장에서 수십 개의 신품종을 대대적으로 판매했다.

케이프 지역에서 발견된 두 개의 대표 식물 제라늄(Geranium, Pelargonium)과 케이프 히스(Cape heath, Erica)는 18세기와 19세기에 관상용 온실식물이자 화분식물로 유럽에서 인기몰이를 했다. 케이프 히스에 대한 열광은 1850년대 무렵에는 시들해졌지만, 일부는 겨울에 꽃을 피우는 실내식물로 영국의 몇 안 되는 양묘장에서 생산되고 있다. 이와 비슷하게 겨울용 관상식물로 재배되다가 이제는 인기가 식은 식물로는 옥천앵두(Solanum pseudocapsicum), 남극시서스(Cissus

이국적인 식물채집

향기와 색깔로 사랑받는 프리지어는 남아프리카의 위대한 원예 유산이다.

antarctica), 프리뮬라 × 큐엔시스(Primula × kewensis) 등이 있다.

수수한 '제라늄'은 실내식물이자 행잉 플랜트로 자존심을 지켰다.[28] 그 이야기는 17세기 유럽으로 들어온 펠라르고늄 트리스테(Pelargonium triste)와 18세기 초 보포르 공작부인(Duchess of Beaufort)이 키운 펠라르고늄 조날레(P. zonale)로부터 시작된다. 널리 재배되는 담쟁이 잎을 가진 펠라르고늄 펠타툼(P. peltatum)은 케이프 지역에서 네덜란드 레이던을 거쳐 18세기 초에 소개되었다. 1820년대에 펠라르고늄 식물들은 정원식물과 화분식물로 입지를 굳혔고, 제임스 콜빌(James Colvill)의 런던 양묘장은 약 500개의 종과 교잡종을 갖추고 있었다. 로버트 스위트(Robert Sweet, 1783~1835)는 콜빌의 컬렉션에 있던 식물들을 이용했으며 영국의 선구적인 교배 전문가로 유명해졌다. 리갈계 펠라르고늄(Regal pelargoniums)은 펠라르고늄 쿠쿨라툼(P. cucullatum)과 펠라르고늄 그란디플로룸(P. grandiflorum)의 교배종으로, 런던 킹스로드의 윌리엄 불(William Bull) 같은 육종가들이 예컨대 펠라르고늄 풀기둠(P. fulgidum), 펠라르고늄 베툴리늄(P. betulinum) 같은 다른 종을 섞기도 했다.

남아프리카 원산의 다른 오래된 실내식물은 게스네리아과 스트렙토카르푸스속(Streptocarpus) 식물들이다. 최근 아프리칸바이올렛도 이 속으로 분류되었다.[29] 150여 년간 인기 있는 실내식물을 개발한 원예계의 여러 거인이 이 사랑스러운 식물의 육종에도 관여했다. 처음으로 재배되기 시작한 종은 큐 왕립식물원 채집가인 제임스 보위(James Bowie)가 1826년에 남아공 나이스나에서 가져온 것이다. 최초의 상업적 교잡종은 프랑스 양묘업자 빅투아르 르모인(Victoire Lemoine)이 만든 것으로 1859년부터 판매되었다. 영국 양묘업체 베이치와 (특히 윌리엄 왓슨William Watson 같은) 큐 왕립식물원의 원예가들은 새로운 종의 유입에 협조했다. 조지프 후커(Joseph Hooker) 큐 왕립식물원 원장을 비롯한 거물들은 스트렙토카르푸스속 식물과 사랑에 빠졌다. 교배 작업은 베이치의 존 힐(John Heal)에 의해 계속되었다. 힐은 베이치가 자랑하는 최고의 교배 전문가 중 한 명이었고, 난초, 히페아스트룸, 겨울에 개화하는 베고니아, 추위에 약한 로도덴드론 같은 식물의 교배로 유명했다. 힐 이후에는 케임브리지대학교 식물원의 리처드 린치(Richard Lynch)가 교배 연구를 이어나갔다. 1930년대에 존 이니스 원예연구소(John Innes Horticultural Institute)의 W. J. C. 로런스(W. J. C. Lawrence)가 두 개의 중요한 품종인 스트렙토카르푸스 '머턴 자이언트'(S. 'Merton Giant')와 스트렙토카르푸스 '컨스턴트 님프'(S. 'Constant Nymph')를 개발했으며, 후자는 오늘날 여러 멋진 신품종의 기본 토대가 되었다. 이후 존 이니스 원예연구소에서는 엑스선을 이용

STREPTOCARPUS HYBRIDUS WATSONI

남아프리카 원산의 스트렙토카르푸스는 수세대에 걸쳐 교배되었으며 여기에는 수많은 야생종도 포함된다. 〈릴루스트라시옹 오띠콜L'Illustration horticole〉 삽화, 제38권(1891).

한 돌연변이를 통해 연중 개화하는 식물을 개발했다.[30] 많은 실내식물과 마찬가지로, 스트렙토카르푸스속 식물들은 여러 세대의 육종가들이 각자의 직관력과 첨단 과학을 적극 활용하고 서로 횃불을 넘겨주는 가운데 오늘날의 모습으로 진화했다.

마찬가지로 게스네리아과이지만 남미 원산인 글록시니아(Sinningia speciosa)는 아주 다른 채집과 육종의 역사를 지니고 있다. 서로 다른 종들 간의 연이은 교배를 통해 실내식물로 자리잡은 스트렙토카르푸스와 달리, 글록시니아는 1815년 이후 브라질 리우데자네이루 인근의 단일 시조 개체군으로부터 채집되었다. 그 이후 나타난 다양한 색상과 꽃 형태는 지난 200여 년간 단 하나의 오리지널 야생 개체군으로부터 파생된 것이다.[31]

실내식물의 문화사

Gloxinia

1) Madame Pescatore.   2) Lilacina striata.   3) Mme de Parpart
4) Baronne de Champy   5) Handleyana striata. 6) Mme Clementine.

Lith.Anst v.A.Kolb.Nürnbg.

종간교잡을 통해 많은 실내식물의 신품종이 만들어진 것과 달리, 글록시니아는 브라질 남부 원산의 단일 야생 개체군을 통해 만들어졌다. 〈가르텐플로라Gartenflora〉 삽화, 제1권(1852년 1월).

최초의 팔레놉시스 인공 교잡종으로, 베이치 양묘장의 천재 식물 육종가 존 세든의 작품이다. 제임스 H. 베이치(James H. Veitch), 『호르투스 베이치*Hortus Veitchii*』(1906).

오늘날에는 신기한 식물이 흔하고 미디어를 통해 이국적인 식물을 쉽게 접할 수 있으므로, 이 식물들이 처음 소개되던 시절의 엄청난 충격을 상상하기 어렵다. 하지만 놀랍게도, 일부 종들은 이러한 이국성의 끊임없는 희석을 견디고 살아남았다. 그것들은 여전히 우리를 매혹시키며 매년 수백만 그루가 플로리다, 태국, 네덜란드, 캘리포니아의 양묘장에서 자란다. 그 식물들은 점점 더 글로벌화되고 있는 산업의 일부이며 참신함에 대한 수요를 충족하기 위해 늘 과학과 발맞추어 진화한다.

이국적인 식물채집

2장

미녀와 야수: 더 멋진 실내식물 육종

> "식물이 늘 제공할 수 있는 것들 ─ 인간을 넘어선 아름다움, 독창성,
> 느긋함, 창의력 ─ 을 위해서 육종하는 것이 더 바람직하다.
> (⋯) 관상식물 육종 기술의 핵심은 키치 예술품에서 흔히 나타나는 원재료에
> 대한 장악이 아니라, 원재료에 대한 호기심, 경탄, 사랑이다."
>
> 조지 게서트(George Gessert), 2012년[1]

인류는 수천 년간 식물을 개량해 식량과 섬유질을 공급했다. 인간은 유전적 다양성을 본능적으로 조작한다. 여러 문명은 식물 육종의 유전적 메커니즘을 정확히 알지 못하면서도 오늘날 우리를 먹여 살리는 작물들을 만들어냈다. 하지만 실내식물의 육종에는 뭔가 다른 점이 있다. 실내식물 육종은 계측 가능한 요소(이를테면 꽃의 수나 크기)에 의해 추진되기도 하지만, 육종자의 개인적 시각이나 무엇이 아름답고 시장성이 있는지에 관한 가치판단이 관여하기 때문이다. 실내식물업계는 사람들이 집안에 식물을 두는 것을 좋아하고, 주기적으로 더 많은 식물을 구매하고자 하는 유혹을 느낀다는 사실에 기반을 두고 있다.

식량 식물의 육종은 위험할 정도로 적은 수의 작물종을 개량하는 데 초점을 맞추고 있다. 그중 다수는 수천 년에 걸친 농업 유산을 지닌다. 반면 새로운 실내식물의 육종은 수백 가지 종과 수천 가지 품종을

플레이밍 케이티(Flaming Katy), 칼랑코에 × 블로스펠디아나(Kalanchoe × blossfeldiana), 마다가스카르의 여러 야생종을 통해 만들어진 교잡종.

이용한 실험을 통해 이루어진다. 몇 가지 눈에 띄는 예외—달리아, 작약, 국화처럼 고대부터 재배된 경우—를 제외한다면, 많은 식물들의 재배 역사는 한 세기도 되지 않고 경우에 따라서는 수십 년에 불과하다. 바이오 예술가 조지 게서트의 표현을 빌리자면 "[식물] 재배화의 위대한 시대는 먼 과거가 아니라 지금 현재"이다.[2]

실내식물의 재배화 과정은 야생에서 채집한 식물종의 생리와 형태를 변화시켜 실내 환경에서 생존 가능하게 만들고, 번식을 효율화하고, 운송중 생존률을 높이고, 구매자의 눈길을 끌 수 있게 하는 것이다. 따라서 이 과정은 상업적인 모험인 동시에 끊임없는 예술적 노력, 즉 새로운 형태의 라이브 공연 작품의 설계로 볼 수 있다. 위스망스의 소설 『거꾸로A Rebours』(1884)에서 독성 식물을 모으는 귀족 출신 수집가 제생트는 "오늘날 정원사들이야말로 유일하고 진정한 예술가들"이라고 말한다. 1936년 7월, 유명한 사진작가이자 원예가, 식물 육종가인 에드워드 스타이컨(Edward Steichen)은 자신의 제비고깔(Delphinium) 교잡종들을 뉴욕 현대미술관에 전시했다. 이것은 정원 쇼가 아니라 설치미술 전시였다.[3] 새로운 실내식물의 육종과 선별에는 조각이나 회화만큼의 예술적 노력이 요구되고, 모든 예술과 마찬가지로 아름다움은 보는 이의 관점에 따라 달라진다. 원예는 비록 느리기는 하지만, 틀림없이 가장 정교한 형태의 공연 예술 중 하나이다.

실내식물 육종은 예술, 윤리, 상업이 교차하는, 매혹적이면서 때로는 불편하지만 부인할 수 없이 비옥한 토양에서 이루어진다. 이와 관련된 윤리적 딜레마는 수세기 동안 존재해왔다. 런던 양묘업자이자 『도시 정원사』의 저자인 토머스 페어차일드는 초창기에―아마도 최초로―교잡종 관상식물을 만들어낸 사람으로 알려져 있다.[4] 그는 인기 있는 관상식물 수염패랭이꽃(Dianthus barbatus)과 카네이션을 교배해 일명 페어차일드의 '노새'라는 교잡종을 만들었다. 그는 이 식물을 1720년 영국 왕립학회에 선보였다. 이종교배라는 언뜻 악의 없어 보이는 작업이 당시에 불러일으킨 논란을 오늘날 이해하기란 쉽지 않다. 당시의 종교적 교리는 종의 항상성이라는 개념을 중요시했는데, 이는 각각의 종이 천지창조의 순간에 고정된 형태로 만들어졌다는 뜻이다.[5] 새로운 식물이 육종될 수 있음을 증명한 페어차일드는 자신의 영혼을 치명적인 위험에 빠뜨린 건 아닌지 걱정했다.

농부들은 아주 옛날부터 우발적인 돌연변이, 즉 재배작물 중에서 특히 더 빨간 사과나 알이 꽉 찬 곡식 같은 자연돌연변이를 발견하고 적극적으로 활용했다. 하지만 새로운 식물을 만들어내기 위한 일상적인 도구로 교잡(hybridization)을 활용하기 시작한 것은 18세기 개척자들

재배종 아프리칸바이올렛의 야생 조상, 탄자니아 우삼바라산맥에서.

이었다.[6] 요제프 고틀리프 쾰로이터(Josef Gottlieb Kölreuter, 1733~1806)
는 교잡종이 더 크고 나은 식물이 될 수 있다는 비전을 품고 패랭이꽃
속(Dianthus)을 비롯한 여러 내한성 정원식물로 교배 연구를 시작했다.
그의 뒤를 이어 카를 프리드리히 폰 게르트너(Karl Friedrich von
Gärtner, 1772~1850)는 25년 동안 1만 건 이상의 교배 연구를 진행했다.
영국에서는 토머스 앤드루 나이트(Thomas Andrew Knight, 1759~1838),
윌리엄 허버트(William Herbert, 1778~1847)가 교배 실험을 시작했다.
영국 성공회의 고위급 인사였던 허버트는 이종교배를 둘러싼 종교적
논쟁을 잠재우는 데 유용했다.

하지만 1899년까지도 인위적인 교잡에 대한 논의가 있었다. 식물학
자이자 분류학자인 맥스웰 T. 마스터스(Maxwell T. Masters)는 그해 교

미녀와 야수: 더 멋진 실내식물 육종

잡 및 교배육종에 관한 국제회의(International Conference on Hybridization and Cross Breeding)의 연설에서 교잡종 개발의 신학적 위험에 대한 우려를 해소하고자 했다. 그는 교잡이 "자연법칙에 대한 불순한 간섭"이라고 걱정하는 사람들에게, 다른 누구도 아니고 윌리엄 허버트 같은 인물도 수선화를 이종교배했다고 전했다. 그는 런던 양묘 업자들이 "지나치게 종교적으로 예민한 사람들"의 심기를 건드리지 않으려고 케이프 히스의 교잡종을 개발해놓고 야생종으로 속여 판매한다고 말했다.[7]

허버트는 현재 가치 있는 실내식물이 된 아마릴리스(Hippeastrum)의 재배와 연구에도 중추 역할을 했다. 그는 자신이 남아프리카산 아마릴리스 벨라도나와 남아프리카산 아마릴리스를 교배할 수 없다는 것에 주목했고, 이후 남아프리카산 아마릴리스를 히페아스트룸속(Hippeastrum)으로 분류했다.[8] 최초의 히페아스트룸 교잡종은 유능한 식물 육종가보다는 랭커셔 출신 시계 제작자라는 수식어가 자주 붙는 아서 존슨(Arthur Johnson)이 만들었다. 그는 1799년 히페아스트룸 레지네(H. reginae)와 히페아스트룸 비타툼(H. vittatum)을 교배해 히페아스트룸 × 존소니(H. × johnsonii)를 만들었다.[9] 존슨의 교잡종이 나온 지 220여 년이 흐른 오늘날에는 꽃 크기, 구조, 색상, 향이 각양각색인 수많은 히페아스트룸 신품종이 존재한다. 여러 세대의 애호가, 과학자, 상업 육종가는 많은 중요한 기회를 제대로 활용했다.[10] 히페아스트룸 야생종들은 이종교배가 가능하고, 꽃의 모양과 색이 다양하고, 다양한 고도를 아우르는 것은 물론 서식지 범위(브라질, 페루, 아르헨티나, 볼리비아)가 넓으므로 식물 육종의 원재료로 더할 나위 없이 적합했다. 게다가 히페아스트룸 구근은 남미에서 유럽으로 쉽게 수송될 수 있었

실내식물의 문화사

다. 이로 인해 19세기 이래 육종가들은 야생종의 유전적 다양성을 육종 프로그램에 활용할 수 있었다. 때마침 유럽에서는 난방 원예시설이 증가했고, 베이치 같은 양묘업체들과 토지 소유주들은 많은 신품종을 개발할 수 있게 되었다. 히페아스트룸 야생종들은 일찍(1690년대)부터 재배되며 계속 인기를 끌었으므로, 사람들은 그것을 어떻게 기르는지 알고 있었다. 오늘날 히페아스트룸 식물들은 네덜란드, 남아공, 일본, 브라질, 미국을 비롯한 세계 전역에서 육종되고 있으며, 여러 대학 연구팀(플로리다대학교), 정부기관(브라질 캄파나스농업연구소와 미국 농무부), 일본의 미야케(Miyake), 네덜란드의 페닝(Penning), 남아공의 하데코(Hadeco) 같은 기업들이 이 작업에 참여한다.

위대한 19세기 양묘업체들은 원래 세계 전역에서 채집된 수많은 새로운 식물이 모이는 장소였다. 이 환상적이고 우연적이며 혼란스러운 식물들의 홍수는 양묘업체 고용인과 수집가의 눈을 사로잡았다. 새로운 식물이 양묘장에 도착한 이후의 선별 과정을 상상하는 건 어렵지 않다. 우선 현장 기록과 스케치를 철저히 검토하고 채집가들을 인터뷰하고 발아 조건, 성장 환경, 번식 기회, 잠재적 시장을 조사하기 위한 계획이 수립된다. 종자가 누군가에게 전달되고—식물의 잠재적 가치는 번식 담당자 선정에 영향을 미친다(수습생은 신통치 않고 시시한 식물을 배정받는 등)—첫 싹이 틀 때까지 불안한 마음으로 씨앗 발육통을 주시한다. 육종가들은 벌써부터 그 식물에 대한 야심을 불태우며 회사 카탈로그의 표지를 장식하거나 유명한 꽃 품평회에서 메달을 따는 상상을 하고 있을지도 모른다.

일부 수입산 식물 재료는 기존 문화권의 재배자들이 여러 세대에 걸쳐 예리한 안목으로 키워낸 것이다. 예컨대 포인세티아는 고대 아즈

미녀와 야수: 더 멋진 실내식물 육종

텍의 수확자들에 의해 개량된 종이고, 벨기에 아젤리아는 아시아에서 오래전에 재배화를 마친 종이고, 베이치에서 '드라세나'라고 홍보한 일부 코르딜리네 식물은 폴리네시아 재배자들이 선별한 종일지도 모른다.

싹이 나고 삽목이 뿌리를 내리면 그 식물은 재배자에게 전달되었을 것이다. 재배자는 식물의 성장을 유심히 관찰하며 개화 시기, 꽃의 크기와 색깔을 기록한다. 일부 씨앗은 채집가의 안목에 대한 나지막한 불평과 함께 폐기되고, 다른 씨앗들은 종자 개량을 위해 별도로 표시해둔다. 전도유망한 식물들은 기웃거리는 경쟁자들의 이목을 피하기 위해 잠금 장치가 마련된 온실로 옮겨진다. 모든 묘목과 꺾꽂이묘를 철저히 관찰해 더 나은 형질—품종명을 붙일 만한 새로운 변이—을 찾아낸다. 한 묶음의 씨앗이 자랄 때마다 유전적 주사위가 던져지고 새로운 변종이 발생한다. 반복적인 삽목 번식의 경우, 무작위적인 체세포 변형체가 발생할 가능성이 있으며—종종 무늬식물의 형태로 발현되는—이러한 돌연변이는 마케팅의 초점이 되기도 한다. 매 시즌마다 카탈로그에는 수익과 명성을 가져다줄 새로운 무언가가 필요하기 때문이다.

육종가들은 새로운 식물의 개량을 앞당길 수 있는 최선의 계획을 짠다. 예컨대 이런 식이다. 한 가지 색상을 강조하는 게 나을까? 식물의 마디 길이를 짧게 하는 게 나을까? 향을 개선하는 게 나을까? 하나의 씨앗 묶음 안에서 개별 식물들을 교배할 것인가, 아니면 같은 종(種) 내에서 교배할 것인가? 이종교배를 할 것인가, 아니면 이속교배를 할 것인가? 교잡이 항상 쉬운 일은 아니며 육종가는 번식생물학도 공부해야 한다. 이 식물은 자가수분이 안 되는 종인가? 암술머리에서 꽃

가루받이가 이루어지는 시기는 언제인가? 기온과 습도가 어떤 조건일 때 성공적인 수분이 이루어지는가?

베이치의 교배 전문가들은 회사 소속 현장 채집가들이 보내온 식물 재료로 작업했다. 육묘장은 개인 컬렉션 및 식물원 큐레이터들과 연락해 식물 재료를 교환함으로써 새로운 식물을 공급받기도 했다. 이것은 오늘날에도 벌어지고 있는 일인데, 아마추어 및 프로 식물 육종가들은 비공식 네트워크를 통해 종자와 기술을 교환한다. 베이치 육종가들은 훌륭한 식물을 알아보는 안목이 있었고 홍수처럼 쏟아져들어오는 이국적인 식물을 한껏 활용했다. 베이치 소속의 존 세든(John Seden, 1840~1921)은 여러 난초 교잡종(그가 명성을 얻게 된 주된 이유)을 만들어 냈으며 칼라디움, 알로카시아, 히페아스트룸, 글록시니아, 베고니아, 에케베리아 등 오늘날 실내식물로 인기 많은 여러 온실식물의 교잡종을 개발했다.[11]

세든은 오늘날의 식물 육종 과정 ─ 날카로운 안목, 식물학에 대한 이해, 이상적인 결과를 향한 노력 등 ─ 을 아마도 잘 이해할 것이다. 반면 오늘날 사용되는 첨단 과학, 이 산업의 세계적인 본질, 가속화되는 DNA 혁명은 그의 눈에 낯설 것이다. 또한 그는 상업 재배자, 연구자, 아마추어 원예가의 관심사가 하나로 모이는 장소들을 보며 무척 즐거워할 것이다. 예컨대 플로리다 남부가 천남성과와 파인애플과 열대식물의 육종 및 개발의 세계적 중심이 된 것은 우연이 아니다.

비교적 적은 수의 종들을 과학적으로 육종하기 위해 지난 수십 년간 엄청난 규모의 지속적인 투자가 이루어졌다. 연구기관과 대학은 포인세티아와 아프리칸바이올렛 같은 특정 실내식물을 개발하는 데 중요한 역할을 했다. 미국 대학들은 새로운 실내식물의 육종에 핵심적인

미녀와 야수: 더 멋진 실내식물 육종

역할을 했다. 예컨대 하와이대학교는 1950년대의 선구적인 육종가 하루유키 카메모토(Haruyuki Kamemoto)를 시작으로 안스리움 연구에 몰두했다(안스리움은 하와이에서 오랜 역사를 가지고 있는데, 새뮤얼 밀스 데이먼 2세Samuel Mills Damon II가 1889년 세 개의 첫 식물—각각 분홍색, 빨간색, 하얀색—을 섬에 들여오면서부터 시작되었다). 플로리다대학교는 천남성과와 야자과 같은 열대 관엽식물을 수십 년간 연구함으로써 미국 실내식물 교역을 지원하는 데 중추 역할을 했다.

실내식물 육종에는 다양한 접근방식이 수반된다. 가장 간단한 방법은 기존에 재배하고 있던 개체군 중에서 식물을 선택하는 것이다. 예컨대 산세비에리아('장모님의 혀', '뱀 식물'이라는 별명으로도 불림)의 경우, 1900년대 초부터 미국 농무부와 다른 기관들의 주도하에 플로리다와 하와이에서 상업적 섬유 생산 실험을 위해 재배되었다. 이 시범 사업이 진행되는 동안, 눈 밝은 원예가들이 '훌륭한' 식물을 발견해 품종명을 붙이고 실내식물 시장에 소개했다. 예컨대 산세비에리아 '코코'(S. 'Koko')와 산세비에리아 '알바'(S. 'Alva')는 호놀룰루 인근 코코 분화구의 시범 사업지에서 선별된 것이다. 인도고무나무는 고무 수액 때문에 식민지 시대 상업무역의 대상이 되었고, 식물원에서 많이 재배되다가 20세기 중반에 들어 실내식물로 선택받았다.[12]

많은 종들의 경우, 새로운 품종은 여러 꺾꽂이묘 속에서 가끔씩 나타나는 우발적인 돌연변이를 거쳐 선별된다. 산세비에리아와도 친연성이 높은 드라세나(Dracaena), 일명 '용혈수'는 오래된 실내식물로, 낮은 조도를 잘 견디고 튼튼해 삽목으로도 잘 자란다. 드라세나 신품종 대부분은 돌연변이를 통해 만들어졌다. 예컨대 서아프리카 원산의 행운목(D. fragrans)은 '칸지(Kanzi)', '젤(Jelle)', '레몬 서프라이즈

사하라 이남 아프리카 원산인 산세비에리아는 현재 전 세계에서 자라며 실내식물로 사랑받지만, 모리셔스, 하와이, 플로리다 같은 지역에서는 무자비한 침입종으로 매도된다.

(Lemon Surprise)', '골든 코스트(Golden Coast)', '화이트 쥬얼(White Jewel)', '재닛 크레이그 고메치(Janet Craig Gomezii)' 같은 품종을 낳았다.[13] 벤자민고무나무(Ficus benjamina)처럼 인도와 중국 남부에서 자생하는 무화과나무속 식물도 마찬가지다. '인디고(Indigo)', '미드나잇(Midnight)' 같은 품종은 벤자민고무나무 '엑조티카'(F. benjamina 'Exotica')의 돌연변이들이다.[14] 하지만 일부 종들은 아주 안정적이라서 수백만 번의 삽목 번식을 거쳐도 새로운 상업적 품종의 탄생으로 연결되지 않는다. 그런 종들 중에서 눈에 띄는 예로는 인기 만점인 필로덴드론 스칸덴스(Philodendron scandens)가 있다.

1870년에 첫 교잡종이 만들어졌고 빅토리아시대 이후 꾸준히 사랑받는 실내식물 디펜바키아의 경우, 여전히 미세번식(micropropagation)을 통한 돌연변이(체세포영양계변이)와 교잡으로 신품종이 개발되고 있

미녀와 야수: 더 멋진 실내식물 육종

세계적으로 가장 인기 있는 실내식물 중 하나인 행운목, 〈릴루스트라시옹 오띠꼴〉, 제27권(1880).

다.[15] 많은 특허 품종들은 자연돌연변이를 통해 선별된다. 예컨대 '트로픽 스노(Tropic Snow)'는 디펜바키아 아모이나(D. amoena)의 돌연변이고, '트로픽 썬(Tropic Sun)'과 '마로바(Maroba)'는 '트로픽 스노'의 돌연변이다. 플로리다대학교는 '트라이엄프(Triumph)', '빅토리

실내식물의 문화사

오늘날의 다양한 디펜바키아 품종은 교잡과 체세포영양계변이를 통해 만들어졌다. 〈릴루스트라시옹 오띠콜〉, 제30권(1883).

(Victory)', '트로픽 스타(Tropic Star)', '스타리 나이츠(Starry Nights)', '스타 화이트(Star White)', '스타 브라이트(Star Bright)', '스파클스(Sparkles)', '트로픽 허니(Tropic Honey)', '스털링(Sterling)' 같은 다양한 종간잡종도 개발했다.

미녀와 야수: 더 멋진 실내식물 육종

식물 육종가들은 근연종에서 발견되는 이상적인 형질을 얻기 위해 동일 속(屬)의 다른 종들을 교배한다. 예컨대 화분에서 자라는 시클라멘(Cyclamen persicum)과 야생에서 자라는 유럽시클라멘(C. purpurascens)을 교배해 향기가 나는 품종을 만드는 것이다. 하지만 노란 꽃이 피는 시클라멘 품종은 자연적으로 발생하지 않으므로, 이온 빔(ion beam) 등의 신기술을 통해 개발한다.[16]

다육식물은 눈길을 끄는 건축적인 구조와 생리적 스트레스를 견딜 수 있는 능력을 가지고 있어 인기 많은 실내식물이다. 그중 가장 쉽게 구입할 수 있는 종류는 '히보탄(Hibotan)' 혹은 '문 칵투스(Moon cactus)'라는 이름으로 판매되고 있는, 짧은 녹색 줄기 위에 선명한 주황색이나 노란색의 둥근 선인장이 붙어 있는 식물이다. 이는 두 개의 종을 접목한 것이다. 접수(위)는 비모란선인장(Gymnocalycium)의 돌연변이로 광합성 조직이 없고, 대목(아래)은 힐로케레우스(Hylocereus)를 잘라낸 것인 경우가 많다.[17] 이처럼 끔찍한 식물이 대부분 한국의 양묘장에서 생산되고 있으며 전 세계에서 연간 1,000만여 개씩 판매되고 있다는 건 놀라운 일이다. 최근 다시 인기를 얻고 있는 다육식물 중 하나는 에케베리아다. 이 식물은 역사적으로 시청의 무늬 화단이나 꽃장식 시계에 많이 쓰였고 현재는 실내식물로 사랑받고 있다. 에케베리아속에는 약 140여 종이 있으며 텍사스부터 남쪽으로는 아르헨티나에 이르기까지 모두 아메리카 대륙 원산이다. 종 다양성이 가장 돋보이는 지역은 멕시코 남부 산악지대이다. 육종가들은 에케베리아속의 여러 종을 교배하는 것은 물론, 같은 돌나무과(Crassulaceae)이지만 속이 다른 식물과 교배하여 교잡종을 만들어냈다.[18] 이에 따라 × 그랍토피툼(× Graptophytum, 그랍토페탈룸과 에케베리아의 교잡종), × 파키베리

실내식물의 문화사

짤막한 녹색 줄기에 선명한 주황색이나 노란색의 둥근 선인장이 달린 '히보탄' 혹은 '문 칵투스'는 두 개의 종을 접목한 것이다. 접수는 비모란선인장의 돌연변이로 광합성 조직이 없고, 대목은 힐로 케레우스를 잘라낸 것이다.

아(× Pachyveria, 파키피툼과 에케베리아의 교잡종), × 세데베리아(× Sedeveria, 세둠과 에케베리아의 교잡종) 같은 종이 탄생했다. 더 복잡하게 들어가면 이미 교잡종인 '× 세데베리아'를 다시 에케베리아와 역교배하기도 한다.

난초 교배 전문가들은 아주 복잡한 교잡종을 만들어낸다. 예컨대 포티나라(Potinara)는 브라사볼라(Brassavola), 카틀레야(Cattleya), 라일리아(Laelia), 소프로니티스(Sophronitis)라는 네 개의 속을 교배해서 완성한 속간잡종(nothogenus, 인위적 교배를 통해 만들어진 새로운 속)이다.

탄자니아에서 채취한 최초의 아프리칸바이올렛 씨앗은 현재 진행 중인 놀라운 재배화 실험의 기반이 되어주었다. 집중적인 육종을 거친 다른 여러 실내식물과 마찬가지로, 아프리칸바이올렛의 역사는 개별

미녀와 야수: 더 멋진 실내식물 육종

육종가들의 투자, 과학 연구팀, 새로운 육종 기술의 개발, 참신함을 원하는 시장의 수요를 반영한다. 많은 사랑을 받는 아프리칸바이올렛은 지난 120년간 육종가들에 의해 큰 변화를 겪었다. 오리지널 야생종은 대량생산되는 수천 개의 다양한 품종으로 발전했고, 품종마다 각기 다른 꽃 구조, 꽃 색깔, 잎 형태, 성장 패턴을 자랑한다. 초기의 아프리칸바이올렛 컬렉션이 새로운 속으로 인정받지 못하고 넘어간 경우가 두 차례 있었다. 첫번째는 1884년의 존 커크였고, 두번째는 1887년의 W. E. 테일러(W. E. Taylor) 목사였다. 1891년, 독일 식민지 관리였던 발터 폰 자인트 파울일라이레(Walter von Saint Paul-Illaire, 1860~1940) 남작은 탄자니아(당시 독일령 동아프리카) 우삼바라산맥에서 채집한 씨앗을 자신의 아버지에게 보냈고, 아버지는 1892년 하노버 헤렌하우젠 정원(Herrenhausen Gardens)의 유명 식물학자 헤르만 벤틀란트(Hermann Wendland)에게 그것을 전달했다. 이 식물은 '우삼바라 바이올렛(Usambara Veilchen)'이라는 상품명으로 1893년 겐트 국제원예박람회에 출품되었다. 아프리칸바이올렛이 원예업계로 유입된 것은 바로 이 시점이다. 탄자니아와 케냐 남부의 석회암 언덕과 인적 드문 산맥에서 자라는 이 아름다운 암석식물은 수백만 가구의 주방 창턱을 점령하고 형태, 특징, 가치 면에서 큰 변화를 겪는 등 궁극의 실내식물로 발돋움하기 위한 궤도에 올랐다. 아프리칸바이올렛은 종자는 물론 (잎꽂이 같은) 영양생식으로도 잘 번식되며 꽃이 빨리 핀다. 따라서 육종의 결과와 자라난 식물에 대한 평가가 신속히 이루어진다. 무엇보다, 아프리칸바이올렛은 오늘날의 식물로 발전하기까지 아마추어와 전문가가 모두 중요한 역할을 해온 종이다.

육종의 첫번째 단계는 여러 아프리칸바이올렛을 교배하고 많은 씨앗을 길러 상품성 있는 식물을 선별하는 것이다. 아프리칸바이올렛은 겐트에서 데뷔한 직후 미국으로 진출했다. 뉴욕의 플로리스트이자 구근 거래상인 조지 스텀프(George Stumpp)는 1893년 혹은 1894년에 독일로부터 이 식물을 수입했다. 어쩌면 그가 1900년대 초에 활동했던 필라델피아의 초기 상업 재배자인 로저 피터슨(Roger Peterson)에게 이 식물을 공급했을지도 모른다. 하지만 진정한 신품종 육성의 역사는, 로스앤젤레스 아마코스트 앤드 로이스턴(Armacost and Royston) 양묘장이 독일과 영국에서 들여온 종자들을 이용해 개발하였으며 1936년에 출시한 열 개의 교잡종 '오리지널 10 크로시즈(Original 10 Crosses)'에서 시작되었다고 해도 과언이 아니다. 10년이 흐른 1946년 11월, 최초의 아프리칸바이올렛 쇼가 조지아주 애틀랜타에서 개최되었다. 11개 주의 참가자 200여 명이 31개 품종의 아프리칸바이올렛을 선보였다. 이후 아프리칸바이올렛 열풍은 전 세계로 번졌고 중국, 우크라이나, 폴란드, 한국, 일본, 러시아의 육종가들과 식물 애호가들은 각자가 꿈꾸는 이상적인 아름다움을 추구하기 시작했다. 미국 상업의 결과물인 최초의 아프리칸바이올렛 교잡종 10종이 냉전시대 동구권 가정의 창턱을 점령했다는 사실은 실로 아이러니하다. 가장 극적인 아프리칸바이올렛은 오늘날 러시아와 우크라이나의 아마추어 육종가들이 길러낸 것으로, 녹색과 노란색을 비롯한 화려한 빛깔의 꽃들이 덩어리를 이루고 있으며 꽃잎 끝부분만 다른 색으로 물들어 있는 경우도 많다.

아프리칸바이올렛 육종의 '냉전 단계'라 할 수 있는 1950년대에는 일련의 신기술이 사용되었다.[19] 멸균 유리용기 속의 멸균 한천에서 자라는 식물에 다양한 화학처리를 함으로써 임의적인 변이를 유도해 신기한 식물이 만들어지도록 한 것이다. 이때 콜히친과 카페인 같은 자

재배화를 통해 가장 많은 변화를 겪은 실내식물은 아마도 아프리칸바이올렛일 것이다.

연돌연변이 유도물질이 사용되었다. 화학적 돌연변이 생성도 시도되었으며(예컨대 에틸메탄설포네이트를 이용하는 등) 이때 콜히친이나 방사선 처리를 병행했다. 콜히친은 배수성(생물의 염색체 수가 배수로 증가하는 현상) 유도를 위해 쓰였고, 때때로 성장 형태의 변화를 유발했다. 예컨대 식탁 장식용으로 적합한, 작은 잎이 달린 난쟁이 식물이 만들어졌다. 식물 조직배양을 통해 꽃잎이 얼룩덜룩한 돌연변이도 탄생했다.

초기 육종은 대부분 확률 게임이었다. 어떤 돌연변이가 발생할지 예측하기는 어려웠고, 살아남은 돌연변이 중에서 새로운 형질을 유지함으로써 새로운 육종의 재료로 쓰일 만큼 안정적인 것은 소수에 불과했다. 1950~1960년대에는 신품종 개발을 위한 최첨단 핵기술에 많은 관심이 쏟아졌다. 콜히친을 이용해 메리골드 개량종인 '테트라 메리골드(Tetra Marigold, 1940)'를 내놓는 쾌거를 이룬 버피 씨드 컴퍼니(Burpee Seed Company)는 한해살이 정원 화초인 백일홍(Zinnia) 개량에 열정을 쏟았다. 종자에 엑스선 폭격을 퍼부었으나 별다른 변화가 없자 백일홍 밭에 방사성 인(radioactive phosphorus) 비료를 뿌리고 다음으로 콜히친을 분사했다. 놀랍지 않게도, 새로운 변이―부디 변이가 나타난 대상이 식물에 국한되기를 바란다―가 발생했다.[20] 미국 화훼박람회 한편에 마련된 '어토믹 가든(Atomic Gardens)'에는 아프리칸바이올렛을 비롯해 방사선으로 개량된 여러 실내식물, 꽃, 채소가 소개되었다. 또한 '어토믹 종자(Atomic Seeds)'와 '어토믹 개량 화분 토양(atomic energized potting soil)'이 판매되었다.[21]

분자 기술의 발전에 힘입어 육종가들은 아프리칸바이올렛의 유전학은 물론 꽃의 발달과 전반적인 형태에 영향을 미치는 메커니즘을 더욱 깊이 이해하게 되었다. 유전자 변형 아프리칸바이올렛 개발의 초기

미녀와 야수: 더 멋진 실내식물 육종

1949년 개최된 미국 아프리칸바이올렛 쇼를 보면 알 수 있듯, 실내식물은 사교활동과 경연을 위한 관심의 초점이 된다.

단계는 뿌리혹선충에 대한 저항성을 키우는 과정에서 진행되었는데, 이때 아그로박테리움(Agrobacterium)이라는 박테리아를 이용해 저항성을 위한 특정 유전자를 대상 식물 안으로 옮겼다. 크리스퍼(CRISPR) 유전자가위 기술의 등장으로, 이제는 식물 내에서 자연적으로 나타나

실내식물의 문화사

1950년대에 식물 육종가들은 방사선에 식물을 노출시켜 돌연변이를 유도했고, 그 식물들은 '어토믹 개량(Atomic Energized)' 식물로 홍보되었다.

는 특정 유전자를 정확히 표적으로 삼거나 '편집'함으로써 외부 유전
물질의 도움 없이도 유전자변형 식물을 만들 수 있다.

난초를 실내식물로 만드는 재배화 과정은 부자들의 전유물이었던
값비싸고 이국적인 상품을 누구나 저렴한 값에 구입해 주방 창턱에 두
고 기를 수 있는 상품으로 바꾸어놓았다. 엘리트 계층의 사치품에서 슈
퍼마켓 상품으로의 변환은 파인애플의 변천사와도 닮았다. 한때 값비
싼 사치품이었던 파인애플은 현재 통조림 혹은 냉장 제품으로 바뀌었
는데, 여전히 사랑받는 과일이지만 예전의 신비감은 사라진 지 오래다.

열대 아시아 원산의 팔레놉시스(Phalaenopsis)는 야생종 재배화를
통해 새로운 실내식물이 탄생하는 과정을 단적으로 보여준다. 제임스
베이치는 『난초과 식물 매뉴얼Manual of Orchidaceous Plants』(1894)에서
"팔레놉시스 종들의 소개는 (…) 이제껏 원예가들이 재배와 관련해 겪
은 가장 어려운 문제 중 하나였다"라고 말한다.[22] 하지만 팔레놉시스
는 너무 아름다운 식물이었고, 난초 육종가들은 어려운 과제를 기꺼이
받아들였다.[23]

베이치 양묘장은 1853년 세계 최초의 난초 교잡종을 개발했고, 그
렇게 개발된 칼란테 × 도미니(Calanthe × dominyi)는 1856년에 꽃을
피웠다. 이윽고 1859년에는 교잡종 카틀레야(Cattleya)가, 1869년에는
교잡종 파피오페딜룸(Paphiopedilum)이 개화했다. 최초의 팔레놉시스
교잡종은 베이치의 전속 마법사라 할 수 있는 존 세든이 팔레놉시스
아마빌리스(P. amabilis)와 팔레놉시스 에퀘스트리스(P. equestris)를 교
배해 완성한 것이다. 씨앗에서부터 난초를 기르는 것은 성공이 보장되
지 않는 위험한 모험이었다. 1875년의 교배 이후, 단 하나의 난초 모종
이 1886년에 꽃을 피웠다. 이로 인해 기회의 문이 열렸고, 세든은 재빨

실내식물의 문화사

리 새로운 교잡종을 만들기 시작했다. 그는 1900년까지 추가로 13종의 교잡종을 길러 꽃을 피웠다. 종간교배가 가능해졌고 교배 전문가들은 자신들의 예술적 기술이 가진 상업적 잠재력을 탐험할 준비가 되어 있었다. 하지만 난초를 종자에서부터 키워 개화시키는 것은 여전히 까다로웠고 상업적 규모로 진행될 수 없었다. 난초 종자는 양치식물을 비롯한 자연 물질 위에 파종되었으며 발아는 느리고 불규칙했다.

난초 씨앗과 균류의 상관관계에 대한 비밀은 1909년 프랑스 식물학자 노엘 베르나르(Noël Bernard)와 독일인 한스 부르게프(Hans Burgeff)에 의해 거의 동시에 밝혀졌다. 그들은 난초의 발아가 흙속에 사는 균류와 관련이 있음을 발견했다. 이러한 공생관계의 발견은 식물 채집가이자 양묘업자인 조지프 찰스워스(Joseph Charlesworth, 1851~1920년경)와 진균학자 존 램즈보텀(John Ramsbottom, 1885~1974)에 의해 상업적으로 활용되었다. 그들은 기내번식(in vitro propagation, 시험관 등의 용기에 인공 배지를 주입하여 식물체를 생산해내는 기술—옮긴이)이라는 혁신적인 시스템을 개발하여 모종의 생존율을 끌어올렸다. 현실에서 이것은 생명공학 진화의 초기 단계, 즉 무균 실험실 환경에서의 상업적 식물 생산의 초기 단계를 의미한다.

1920년대에 코넬대학교 루이스 너드슨(Lewis Knudson)은 난초 모종이 양분으로 삼을 수 있는 한천 젤리, 소금, 설탕의 혼합물(유명한 너드슨 C 미디엄)로 공생균류를 대체하는 연구를 진행했다. 이 새로운 방법으로 인해 모종의 생존율이 극적으로 향상되면서 난초의 상업적 생산이 급격히 늘었다. 이러한 혁신을 통해 수천 개의 교잡종 육종이 가능해졌으나 개별 식물, 특히 종자 묶음에서 엄선된 가치가 높은 클론 식물을 복제하는 문제가 여전히 남아 있었다. 1949년, 너드슨의 동료

가비노 로터(Gavino Rotor)는 조직배양을 통해 팔레놉시스의 어린 클론식물을 키워내는 데 성공했다. 그는 꽃눈(flower node)의 작은 조각을 이용해 수백 개의 클론식물을 만들었다. 오늘날 '미세번식'이라 알려진 이 방법을 통해 수백만 개의 식물이 생산된다.

교배 전문가들은 실내 환경에 더욱 적합한 새로운 팔레놉시스 교잡종을 개발하고 길러내려고 했지만, 우선 최고의 상업적 재배 환경을 조성하고 이 식물의 생리를 이해해야 했다. 이것은 국제적인 계획이었으며 전 세계 대학들은 1960년대부터 연구에 돌입했다. 주요 참여자로는 미국의 농무부, 플로리다대학교, 코넬대학교, 텍사스 A&M 대학교, 일본의 오사카대학교, 미야자키대학교, 나고야대학교, 니혼대학교, 지바대학교, 이스라엘의 히브리대학교가 있다. 팔레놉시스는 실내식물로서 큰 성공을 거두었다. 다양한 식물 사이즈(미니어처 포함), 여러

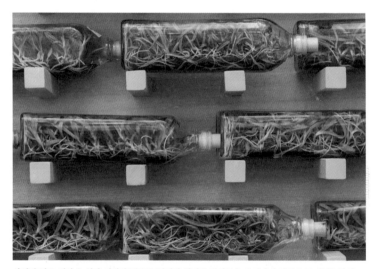

상업적 난초 생산을 위한 시험관(실험실) 번식의 발전은 사치품을 슈퍼마켓 상품으로 바꿔놓았다.

로라 하트(Laura Hart), 〈팔레놉시스 바이올렛 아팔루사Phalaenopsis Violet Appaloosa〉, 2018, 유리.

빛깔의 꽃, 무엇보다 일반 가정에서도 무리 없이 자라며 꽃을 피우는 능력 덕분이었다. 이제 팔레놉시스의 생산은 국제적으로 이루어진다. 미국인 육종가가 새로운 교잡종을 개발하는 과정에 여러 파트너가 동참하는 경우도 있다. 예컨대 미세번식은 일본에서, 식물 재고를 늘리기 위한 재배는 중국에서, 기내번식은 네덜란드에서 이루어진 다음, 최종적으로 미국으로 돌아와 꽃이 피는 식물로 판매되는 식이다. 이 아름다운 식물군은 베이치 소속의 존 세든이 최초의 교잡종을 개발한 이래 많은 발전을 겪었다.

오랫동안 실내식물의 육종은 식물 재료를 원산지에서 가져온 다음 해외 육종가가 소유권을 확립하는 과정이었다. 이에 따라 필로덴드론 혹은 아프리칸바이올렛 품종은 각각 브라질과 탄자니아의 야생종 컬렉션에서 파생된 것이지만, 육종가의 상업적 이익을 보호하는 법적 절

미녀와 야수: 더 멋진 실내식물 육종

차에 따라 신품종의 소유권은 미국이나 네덜란드 회사가 가져갔다. 예컨대 미국에서는 많은 신품종 실내식물들이 1930년에 제정된 식물특허법에 의해 보호받는다. 여기에는 딜레마가 있다. 우리는 궁극적으로 열대에서 가져온 식물들로, 경우에 따라서는 고대 문화유산으로 실내를 장식하고 있음에도 불구하고, 유럽이나 미국 육종가들의 투자에 대해서만 상업적 가치를 인정한다. 이런 비즈니스 모델은 문화적 유산을 고려하지 않고, 상업적 종들의 탄생을 가능하게 했던 야생 서식지 보존도 고려하지 않는다. 예컨대 탄자니아는 유럽과 북미에서 이루어지는 아프리칸바이올렛 재배 및 판매로부터 그 어떤 금전적 혜택도 얻지 못한다.

현대식 실내식물 육종에 대한 대대적인 투자는 19세기 유럽에서 시작되어 미국(캘리포니아와 플로리다)으로 옮겨갔으며 현재는 아시아(태국, 중국, 한국, 일본)에서 확고히 자리를 잡았다. 태국의 식물 시장을 둘러보면 신품종 육성의 규모와 범위가 아찔한 수준이며 각각의 육종가들이 혁신과 창의적 상상력을 통해 그 재배화 과정을 더 풍성하게 만들고 있음을 알 수 있다. 우리는 멕시코가 포인세티아의 소유권을 되찾아가는 것을 목격하고 있고, 그다음 물결은 콜롬비아나 남아공 같은 나라에서 일어나기를 바란다. 그곳 육종가들은 그들 고유의 원예 및 식물 자산을 활용해 국내 그리고 지역 소비자들을 겨냥한 새로운 실내식물 개발에 힘쓰고 있다.

이것은 단순히 접란이 아니라 공생생물들의 작은 생태계이다.

3장

건강, 행복, 상리공생

"식물들은 마치 귀머거리 상태로 긴 화학적 단꿈에 빠진 것처럼 공허해 보인
다. 그들에게는 감각이 없지만, 그렇다고 해서 자기 안에 갇혀 있는 건 아니다.
식물만큼 자신을 둘러싼 세계에 단단히 발을 붙이고 있는 존재도 없다. (…)
식물들은 자신이 마주하는 모든 것에 온전히 참여한다."

에마누엘레 코차(Emanuele Coccia), 2019년[1]

    실내식물은 가정의 수동적인 부속품처럼 보일지도 모른다. 하지만
사실 우리와는 물론 우리 생활공간의 생태와 상호작용하는 생명체이
다. 현재 세계 인구의 절반 이상이 도시에 거주하고 있고, 2050년이면
인구의 거의 70퍼센트가 도시에 거주할 것으로 전망된다.[2] 도시는 계
속 확장중인 거대 서식지이다. 예컨대 맨해튼의 표면적은 59제곱킬로
미터인 반면, 맨해튼의 실내 바이옴은 172제곱킬로미터에 달한다.[3] 이
것이 바로 우리가 사는 공간이며(하루의 80퍼센트를 실내에서 보내므로)
우리가 일하고 휴식하는 공간, 우리의 실내식물을 키우는 공간이다.
우리의 상상과는 다를 수도 있지만, 집은 우리 자신은 물론 우리와 동
거하는 여러 다른 종들이 다양한 생태적 과정을 겪으며 진화하는 서식
지이다. 이들 중에는 우리가 적극적으로 환영하며 소중히 여기는 종들
도 있고, 초대받지 않은 식민지 주민들도 있다.

인간과 실내식물의 상리공생은 복잡하고 잠재적으로 더 친밀한 단계에 접어들었다. 우리의 집은 무균의 밀폐 공간이 아니며 실내 공간과 외부 세계 사이로는 여러 생명체가 드나든다. 이중 일부는 의도적인 것이다. 우리는 반려동물, 식물, 발효 상품, 그리고 다른 인간들을 우리의 집으로 들인다. 게다가, 열린 창문이나 공기 정화장치, 상수도를 통해 쳐들어오는 일련의 식민지 개척자들이 있는가 하면, 식물이나 반려동물, 우리의 몸에 붙어서 잠입하는 히치하이커들도 있다.

수천 종, 어쩌면 수십만 종의 생물들이 우리의 집에 기거하고 있을지도 모른다. 노스캐롤라이나 가정들을 살펴본 한 연구에서는 생명의 세 가지 대영역을 대표하는 요소들을 발견했다. 진핵생물(곤충, 식물, 균류 등을 포함)과 8,000종 이상의 박테리아, 그리고 놀랍도록 다양한 고세균이다.[4] 이 연구는 대체로 세탁기나 온수장치같이 극단적인 환경, 그리고 주방과 화장실처럼 잠재적으로 '비옥한' 서식지에서 번성하는 생명체에 초점을 맞춘 반면, 실내 바이옴에서의 실내식물의 역할에 대한 연구는 놀라울 정도로 미흡하다. 우리는 실내 활동 시간이 늘어나면서 외부 자연환경에서 발견되는 다양한 미생물에 노출될 기회를 잃었다. 이러한 심오한 변화로 인해 성인의 온전한 마이크로바이옴(microbiome, 인체 내 미생물 생태계)을 획득하기 어려워졌으며 이는 여러 자가면역질환과 알레르기의 원인으로 여겨진다.

각각의 실내식물, 그러니까 배합토에서 자라는 식물은 실내 바이옴 속의 생물다양성 핫스폿(hotspot)이라고 말하는 사람도 있을 것이다. 카펫과 타일과 미장 마감재로 이루어진 태평양에 떠 있는 작은 갈라파고스섬처럼 말이다. 실내식물의 잎은 균류와 박테리아의 막으로 덮여 있고(엽권), 식물 세포 내에는 여러 바이러스가 존재하며, 토양이나 비료에는 다양한 균류, 고세균류, 박테리아가 살고 있는데(근권), 진딧물이나 진드기, 깍지벌레 등 육안으로 확인 가능한 생물도 있다. 가장 현대적이고 언뜻 위생적인 산업형 양묘장에서 생산된 실내식물도 그냥하나의 식물이 아니라 복잡한 바이옴을 구성한다. 인간과 마찬가지로 실내식물은 메타유기체(meta-organism)이며 식물의 물리적 구조와 게놈은 아주 다양하고 친밀한 공동 거주자들로 둘러싸여 있다.[5]

실내식물의 문화사

각기 다른 실내식물종은 각기 다른 종류의 박테리아를 키워낸다. 연구자들은 이러한 미니 생태계가 생물다양성을 확대하고 공기 중 부유 미생물을 걸러냄으로써 전반적인 실내 마이크로바이옴에 영향을 미칠 수 있다고 말한다. 전 세계적으로 재배되는 접란에 관한 연구에 따르면, 이 식물의 마이크로바이옴이 가정 환경으로 확장되는 것은 물론 인간과 다른 식물의 마이크로바이옴과도 상호작용을 한다고 보여진

바이오신(Biocene)을 위한 콘서트, 에우헤니오 암푸디아(Eugenio Ampudia)의 설치미술, 바르셀로나 리세우 대극장, 2020.

건강, 행복, 상리공생

다.[6] 그렇다면 우리는 실내식물을 미생물 다양성과 유익한 미생물 환경의 원천으로 활용할 수도 있을 것이다. 이때 식물 관련 박테리아는 실내 미생물 생태계를 안정화하고 전반적인 생물다양성을 확대하고 병원균 발생을 억제함으로써 병원균에 대한 저항성도 키워줄 수 있다.[7] 예컨대 엽권의 박테리아 중 상당수가 휘발성 유기화합물(VOC)을 만들어낼 수 있는데, 이중 다수는 보트리티스 시네레아(Botrytis cinerea, 특정한 기후 조건에서 생기는 회색곰팡이―옮긴이)를 죽이는 역할을 한다.[8]

도시화의 확대는 여러 건강 문제를 일으킨다. 당뇨, 심혈관 질환, 암, 우울증 같은 비전염성 질병은 전 세계적으로 빠르게 증가하고 있다. 다양한 요소가 이러한 증가 추세에 기여하지만, 신체활동이나 식습관, 스트레스 같은 생활습관 요인들이 특히 중요하다.[9] 자연을 접할 기회가 부족한 도시환경과 그에 따른 실내 좌식 생활습관은 비타민D 결핍, 천식, 불안, 우울 등의 신체적, 정신적 질환과 연관성이 높다.[10] 자연을 접할 기회가 늘어나면 신체 및 정신 건강이 모두 개선되는 것으로 나타났고, 최근 연구에 따르면 실내식물도 긍정적인 효과를 내는 것으로 보인다.[11]

실내식물이 우리의 웰빙에 미치는 긍정적 영향은 자주 논의되며, 식물은 '좋은 것'이라는 직관적인 인식이 존재하는 듯하다. 하지만 빅토리아시대 사람들은 실내식물에 대해 이와 정반대의 견해를 가지고 있었다. 식물이 유독하고 해로운 '악취(effluvium)'를 내뿜을 수 있다는 인식이 있었던 것이다.[12] 제인 루던(Jane Loudon)은 1841년 〈레이디스 매거진 오브 가드닝Ladies Magazine of Gardening〉에서 어둠 속의 식물은 "탄산가스를 배출한다. (…) 이 가스의 과잉은 그것을 흡입하는 사람에게 지각 마비, 두통, 질식감을 유발하며, 밤에 침실에 식물을 두는 사람에게 식물은 종종 이처럼 해로운 영향을 끼친다"라고 말했다.[13] 반면 위대한 계몽주의 과학자 조지프 프리스틀리(Joseph Priestley)는 1772년 왕립학술원 연설에서 "식물은 동물의 호흡과 동일한 방식으로 공기에 영향을 주는 것이 아니라, 호흡의 효과를 역전시키고 동물의 생존과 호흡, 혹은 죽음과 부패로 인해 오염된 공기를 맑고 온전하게 정화해 주는 경향이 있다"라고 말했다.[14]

수많은 웹사이트, 유튜브 영상, 책에서는 각기 다른 수준의 과학적 신뢰도를 바탕으로, 실내식물과 꽃이 우리의 웰빙을 향상시켜줄 수 있다고 주장한다. 공기를 맑게 하고, 창조적인 작업에 대한 집중력과 완성도를 높이고, 스트레스와 우울을 몰아냄으로써 말이다. 여러 연구를 통해 식물과 자연에 노출되는 데에 따른 긍정적인 효과가 거듭 밝혀졌다. 예컨대 초목이 있는 곳에서 지낸 사람은 수술 후 회복 속도가 빨랐고, 초목을 40초 응시한 다음에는 인지기능이 향상되었으며, '친환경 운동' 프로그램 참여자들은 자존감이 높아졌다.[15] 자연이 주는 건강상 이점을 전반적으로 검토한 여러 책들이 최근 출간되었는데, 이들 모두 식물과 초목이 지닌 다양한 장점을 강조한다.[16]

실내식물은 건축자재나 가구로부터 직접 배출되거나 방향제, 요리를 통해 발생하는 오염물질 등 유해한 휘발성 유기화합물을 제거함으로써 실내 공기질을 적극적으로 개선한다. 이러한 유해물질은 '새집증후군(sick building syndrome)' 증상을 비롯하여 열악한 실내 공기로 인한 여러 건강상 문제들의 주요 원인이 된다. 1960년대 후반, 환경과학자 빌 울버턴(Bill Wolverton)이 이끄는 팀은 수생식물이 제초제인 '에이전트 오렌지(Agent Orange)'를 해독한다는 사실을 발견했다. 이에

각각의 실내식물은 가정 생태계와 상호작용하는 생명의 섬이다.

따라 미국항공우주국(NASA)은 식물 뿌리를 이용해 우주 탐사중 공급되는 공기에서 오염물질을 제거하는 방법을 연구하도록 울버턴에게 자금을 지원했다. 이 27년간의 연구 결과물이 바로 '공기정화 실내식물에 관한 나사 가이드(The NASA Guide to Air-Filtering Houseplants)'인데, 이것은 공기 중에서 탄소 기반의 오염물질과 휘발성 유기화합물을 제거하는 능력이 탁월한 식물들의 목록이다. 식물 선정의 다른 기준으로는 인간에게 독성이 없어야 하고, 잘 성장해야 하며, 수명이 길어야 한다는 것 등이 포함되었다.[17] 이 문서는 실내 공기오염을 관리하기 위

실내식물의 문화사

한 도구로서 실내식물을 추천하는 수많은 웹사이트, 유튜브 영상, 마케팅 캠페인을 통해 널리 퍼졌다.

연구에 따르면 실내식물은 대기 중 휘발성 유기화합물의 농도를 낮출 수 있으며 이는 세 가지 주요 과정을 통해 이루어진다. (a) 식물의 지상부를 통한 제거 (b) 뿌리를 통한 제거 (c) 퇴비 속의 미생물과 유기물을 통한 제거. 여기에서 핵심적인 메시지는 서서히 부패해가는 실내식물은 오염물질을 흡수하지 못한다는 것이다. 식물이 오염물질을 효율적으로 흡수하려면 생리적으로 튼튼하고 뿌리 성장이 활발해야 하며 무엇보다 아주 많은 식물이 필요하다.

문제는 가정이나 사무실에서 무엇이 효과적인지를 제대로 이해하기 위해 이러한 실험연구를 어떻게 해석할 것인지다. 건물 내에는 각기 다른 크기의 방이 있고, 공기 흐름이나 온도도 제각각이다. 한 건물 내에서 발생하는 휘발성 유기화합물의 양도 날마다 달라질 수 있다. 연구들은 대부분 비교적 작고 완전히 밀폐된 실험실에서 이루어지는데, 일반 가정의 환경은 이와 비교할 수 없을 만큼 복잡하다. 또한 실험에서는 단일 식물과 단일 오염물질을 이용한다. 이러한 실험은 현실에 적용되기 어렵고, 식물을 통한 효율적인 실내 오염물질 관리에 대한 지침을 제공하지 못한다.

하지만 본질적인 메시지는 명확하다. 실내식물은 인간에게 유익하고, 충분히 많은 식물이 잘 자랄 수 있도록 관리한다면 가정 내 휘발성 유기화합물 농도에 영향을 미칠 수 있다. 물론 드라세나 혹은 스파티필룸을 잔뜩 키우는 것보다 창문을 열어 환기를 시키는 것이 더 큰 효과를 낸다. 하지만 실내 공기오염을 개선하기 위한 도구로서 실내식물의 효율을 향상시킬 방법에 대한 추가적인 연구는 필요하다.[18] 우리는

건강, 행복, 상리공생

일부 식물종이 다른 식물종보다 더 탁월하다는 것을 알고 있으므로, 잎 상피, 공기가 드나드는 기공의 움직임, 광합성율이 개선된 새로운 식물들을 육종하고 선별하는 것이 좋은 기회를 제공할지도 모른다. 유전공학은 오염물질 흡수 효율을 높이는 데 이용될 수 있다. 예컨대, 포유류 사이토크롬 P450 2EI 유전자를 이용해 변형시킨 스킨답서스

산세비에리아. 가장 튼튼하고 오염물질 제거 능력이 탁월한 실내식물로 알려져 있다.

실내식물의 문화사

(Epipremnum aureum)는 두 가지 휘발성 유기화합물, 즉 벤젠과 클로로포름을 해독하는 데 있어 다른 식물보다 탁월한 능력을 보인다. 이는 유전자 이식 식물을 이용한 바이오필터가 집안 공기의 휘발성 유기화합물을 유의미한 수준으로 제거할 수 있음을 암시한다.[19] 무엇보다, 우리는 사무실과 가정에 의미 있는 영향을 주기 위해 생리적으로 왕성

새뮤얼 존 페블로(Samuel John Peploe), 〈엽란Aspidistra〉, 1927년경, 캔버스에 유채.

한 식물들을 훨씬 많이 키워야 하며 수직 정원을 통해 공기 흐름을 관리하는 것도 도움이 될 수 있다. 아쉽지만, 티백 찌꺼기를 뒤집어쓴 채 썩어가거나 누렇게 시든 드라세나만으로는 충분하지 않다.

우리는 생리적 측면에서 식물과 상호작용을 하지만, 동시에 우리의 정신 건강과 웰빙에 영향을 미치는 방식으로도 상호작용을 한다. 우리가 실내식물과 감정적인 관계를 맺는다는 것은 분명한 사실이다.[20] 메리 매카시(Mary McCarthy)의 『아메리카의 새들*Birds of America*』(1965)은 팻츠헤데라(× Fatshedera) 식물인 불운한 팻츠(Fats)와 그 식물을 돌보는 피터 리바이(Peter Levi) 간의 관계를 들여다본다. "길고 호리호리하고 기운 없는" 식물은 피터와 함께 산책을 나가 파리 거리를 거닐다가 결국 버려진다. 조지 오웰(George Orwell)의 경우, 불운한 엽란이 교외 지역과 잉글랜드 중산층에 대한 그의 분노를 상징하며, 이러한 은유는 H. E. 베이츠(H. E. Bates)의 『바빌론의 엽란*An Aspidistra in Babylon*』(1960)에서도 이용된다.[21] 플래너리 오코너(Flannery O'Connor)의 단편 「제라늄*The Geranium*」(1946)은 뉴욕 거리에 내던져진 제라늄(더 정확하게는 펠라르고늄)으로 시작한다. 주인공 올드 두들리가 구조할 것으로 예상되지만 실현되지 않는다. 실내식물은 위안과 영감을 제공하고, 식물을 살려내는 것은 자긍심과 성취감을 키워주는 등 인간의 정서에 심오한 영향을 미칠 수 있다. 무라카미 하루키(Haruki Murakami)의 소설 『1Q84』(2009~2010)에서 감옥에 수감될 예정인 암살자 아오마메는 "생명을 가진 존재와 함께 살아가는 첫 경험"을 안겨준 반려식물인 고무나무 화분의 거취를 걱정한다.

점점 더 도시화되고 있는 종으로서 인류는 복잡한 환경 속에서 살고 있고, 사회적 상호작용과 자아정체감의 기회는 제한되고 있으며,

자연과의 접촉이 점차 어려워지고 있다. 이때 실내식물은 여러 측면에서 중요한 역할을 한다. 실내식물은 컬렉션(우리의 진기한 수집품)을 구성하기도 하고, 더 중요하게는 자연은 물론 비슷한 유의 사람들과의 상호작용을 촉진한다.

어떤 가정은 실내식물 화분 하나로 만족하는 반면, 어떤 가정은 실내식물을 잔뜩 모아 집안을 가득 채우고자 하는 달콤한 유혹에 빠진다. 실내 장식을 위해 식물을 수집하는 일을, 오래가지 않는 자산에 대한 물질주의적이고 사치스러운 소비로 치부할 수도 있다. 혹은, 그것이 기쁨을 만들어내는 무해한 충동이라고 주장할 수도 있다. 구매 행위는 대량생산 상품인 실내식물을 무언가 가치 있는 대상, 심지어 애정의 대상으로 변화시킨다. 무엇보다, 하나씩 더해지는 식물은 완벽한 컬렉션을 향한 발걸음 하나하나이며(물론 그 어떤 식물 컬렉션도 절대 완벽해질 순 없다) 자아정체감의 확립과 강화를 향한 발걸음이기도 하다.

수집의 심리학에 관한 많은 글이 있고, 그중 일부는 상당히 불쾌한 프로이트적 해석에 기반한다. 하지만 식물 판매점이나 식물 동호인 모임에 가보면 실내식물의 구매, 수집, 재배는 수많은 사람들의 삶에 커다란 기쁨을 불러온다는 것을 알 수 있다. 동기는 다양하다. 집착에 가까운 사람도 있고, 특정 식물군에 대한 열정이 대단한 사람도 있다. 사냥의 흥분, 친구 만들기, 지식 습득, 혹은 자존감과 정체성 확립이 동기인 사람도 있다.

점차 고립감과 순응성이 강화되는 도시에서의 삶을 감안할 때, 수집과 재배(식물은 기억과 이야기의 저장소이므로 달리 표현하자면 큐레이션)는 여러 이점을 가져온다. 우선 자율성이 허용된다. 식물 컬렉션은 온전히 개인의 것이고 개인이 원하는 대로 큐레이팅 할 수 있다. 경험과 역

건강, 행복, 상리공생

량, 지식을 쌓고 그것을 소셜 네트워킹의 기초로 삼거나 다양성과 변화에 대한 안목을 키울 수 있다. 임대 세대(Generation Rent, 높은 집값 탓에 나이가 들어도 임대주택에 사는 세대—옮긴이)에게 실내식물은 하나의 임대주택에서 다른 임대주택으로 이사 갈 때에도 데려갈 수 있는, 가격마저 합리적인 한 조각의 자연이다.

정원 가꾸기의 심리적 이점은 잘 알려져 있지만, 그건 야외 환경에 초점이 맞춰져 있다. 그러므로 정신 건강을 향상시키는 데 있어 실내식물의 역할을 살펴보는 게 유익할 것이다. 아시아의 대도시를 비롯한 세계 많은 지역에서는 많은 인구가 정원 없이 살아간다. 따라서 실내 환경의 질이 매우 중요하다.

실내식물은 가족 같은 존재가 될 수 있다. 하나의 식물은 개별적인 연속성을 지니며 과거, 현재, 어쩌면 미래와의 연결고리가 될 수도 있다. 실내식물은 종종 개인적인 역사를 품고 있다. 친구의 선물이거나 친구와 교환한 것일 수도 있고, 이전 세대에게 물려받은 유산, 혹은 과거의 공간이나 시간에 대한 추억일 수도 있다. 수십 년에 걸쳐 돌본 식물일 수도 있고, 그 식물의 후손들을 가족이나 친구와 나누며 실제로 한 세대에서 다음 세대로 전해질 수도 있다. 식물은 떠나온 고향을 상기시키는 자연의 한 조각으로서 이민자와 함께 이동할 수도 있다. 민트는 중동 가족들이 유럽 이민 당시 가져온 것으로, 고향의 기억을 간직하고 있으며 각각의 품종은 각기 다른 기원과 음식 전통을 상징한다. 마이애미에 거주하는 많은 쿠바 가족들은 창턱이나 베란다에 쿠바 오레가노(Plectranthus amboinicus) 화분을 키운다. 이 식물은 고향과 정체성의 상징이다. 하지만 쿠바 오레가노는 원래 동아프리카 원산으로, 케냐부터 남쪽으로는 콰줄루나탈의 야생에서 서식하다가 인도양 무

폴 세잔(Paul Cézanne), 〈테라코타 화분과 꽃Terracotta Pots and Flowers〉, 1891~1892, 캔버스에
유채.

역로를 거쳐 카리브해로 전해진 식물이다.[22] 이후 각각의 지역사회들
은 그 식물을 그들의 정체성 일부로 받아들였고, 그것은 각 디아스포
라 집단에 위안을 제공해왔다.

실내식물과 그 부속품들은 정원과 야생 서식지의 축소판으로, 더 넓

은 서식지와 먼 기후 지역의 정제된 메아리를 담고 있다. 실내식물은 야외 정원이나 주말농장과 달리 힘든 노동을 요구하지 않지만, 창의력의 기회를 제공하며 본인 집을 취향대로 꾸밀 수 있도록 돕는다. 이것은 도시 인구에게는 아주 가치 있는 일이다. 식물, 화분이나 테라리움, 집 꾸미는 방식을 직접 선택함으로써 사람들은 자신의 공간에서 '안식처 같은' 편안함을 느낄 수 있게 된다. 정원에서 보내는 시간은 매주 몇

실내식물은 우리의 생활공간을 규정한다. 필로덴드론 스칸덴스 사진, 1959.

실내식물의 문화사

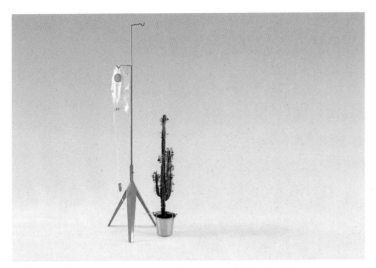

바쁜 현대인들을 위한 실내식물 급수 시스템, 케이타 오그스트칼니(Keita Augstkalne), 2018.

시간에 불과한 반면, 실내는 먹고 자고 휴식을 취하는 공간인 동시에 거주자의 정체성과 개성을 분명히 드러낸다. 식물을 이용해 집을 꾸미면 독특하고 개성 있는 집을 만들 수 있으며 개별성과 자존감을 높일 수 있다. 이러한 사회적 정체성은 실내식물 애호가들의 적극적인 온라인 커뮤니티 활동을 통해 더욱 강화된다. 그렇다고 해서 실내식물과의 모든 관계가 긍정적이라는 말은 아니다. 오웰의 글에 나타난 것처럼, 우리와 동거하는 식물 친구들은 유해한 관심의 초점이 될 수도 있다.

고든은 엽란과 일종의 은밀한 불화를 겪었다. 그는 남몰래 몇 번씩이나 엽란을 죽이려고 했다. 물을 주지 않고, 엽란 줄기를 담뱃불로 지지고, 심지어 흙에 소금을 섞기도 했다. (…) 난로에 불을 피운 다음, 등유가 묻은 손가락으로 일부러 엽란 잎을 문지르기도 했다.[23]

건강, 행복, 상리공생

루치안 프로이트(Lucian Freud), 〈식물 인테리어, 귀 기울이는 모습(자화상)Interior with Plant, Reflection Listening(Self-Portrait)〉, 1967~1968, 캔버스에 유채.

포터링(pottering, '느긋하게 빈둥거리기'를 뜻하며 여기에는 식물 돌보기가 포함된다―옮긴이)은 종종 우드하우스(Wodehouse, 영국 태생의 유머 작가―옮긴이)식 도피기제로 조롱받기도 하지만, 아주 가치 있고 긍정적인 심리 과정이다. 이것은 모든 식물 관리의 핵심이다. 식물을 점검하고 잎을 만지작거리면서 유심히 관찰하는 의식은 짧게는 몇 분, 길게는 몇 시간씩 소요될 수 있다. 우리의 관심이 작은 규모의 세계로 향하는 이처럼 고요한 몰입의 순간을 주의 집중 활동(attention-holding

실내식물의 문화사

activity)이라고 한다.[24] 식물 돌보기에 온전한 관심을 쏟으며 식물에게 필요한 것과 식물의 성장을 생각하고 앞으로의 성장과 개화를 기대하는 그 순간, 시간은 천천히 흐르고 우리의 정신적 배터리는 충전된다.

삶이 더 복잡해지고 기술이 인간의 문화적, 사업적, 개인적 상호작용을 지배하는 세상에서 광합성 유기체의 작은 화분 하나가 이토록 큰 위안이 된다는 건 신기한 일이다. 이것은 E. O. 윌슨이 '바이오필리아'라고 명명한, 자연에 대한 인간의 선천적 갈망에서 기인한다. 다시 말해, 우리는 다른 형태의 생명체들에게 본능적으로 끌리고 그것을 추구한다는 것이다. 인류에게 삶의 공간을 제공하는 땅과 동식물은 한때 생존의 기본 조건이었다.[25] 이제 우리는 살아 있는 다른 유기체들로부터 안정감과 영감을 얻는다. 이와 정반대되는 이론인 '바이오포비아(biophobia)'는 생물다양성의 특정 요소, 이를테면 깍지진디와 가루깍지벌레처럼 혐오스럽거나 위협적인 종들을 두려워하는 것을 말한다.

윌슨의 바이오필리아 이론에서 진화한 것이 바로 바이오필릭 디자인(biophilic design) 개념이다. 이것은 사무실, 가정, 공공장소에서 자연과의 접촉을 확대하여 우리의 웰빙을 향상시키는 접근법이다. 여기에는 자연에서 발견되는 모양과 형태, 자연 환기와 친환경 건축 자재, 식물, 풍부한 자연광, 야외 조망, 내부와 외부 경관의 융합이 활용된다.[26] 연구에 따르면 작업 공간의 식물은 직원들의 사기를 크게 높이고 스트레스를 줄여 웰빙과 작업 성과를 촉진할 수 있다.[27] 호주의 사무실 역학에 관한 한 연구는 식물들(이른바 '책상 위의 친구들')에게 이름을 붙이고 그 식물들의 변화가 직장 내 대화의 중심이 되어가는 과정을 살펴보았다. 이 연구에 따르면 죽거나 시들시들한 식물에 대해 직원들이 스트레스를 받거나 자괴감을 느끼는 경우는 없었다.[28]

관상식물과 인류의 이러한 상리공생은 다양한 규모의 새로운 환경을 만들어내고 있다.[29] 가정에서 식물들은 개인적 풍요로움과 즐거움, 가치의 표본으로 계속 사랑받을 것이다. 또한 이 식물들은 실내 공간이 더 친환경적이고 생동감 있게 바뀌는 가운데, 점차 도시의 구성 요소로 널리 이용될 것이다. 이것은 거대한 실험이다. 도심의 수직 정원은 수십 년에 걸쳐 성숙하고 다양해지는 장기적인 서식지이자 자연스러운 생태적 변화의 공간으로 자리매김할 잠재력이 있다. 한편, 실내 식물은 집안에서도 계속 가치를 인정받을 것이다. 식물은 마이크로바이옴을 통제하기 위한 도구로 사용되거나 유전자조작을 통해 더 많은 오염물질을 흡수하도록 바뀔 수도 있겠지만, 그저 멋지게 생겼고 인간에게 기쁨을 준다는 이유만으로도 계속 사랑받을 것이다.

스테핑 파크 하우스(Stepping Park House)의 외부(왼쪽)와 내부(위), 호찌민, 보 쫑 응이아 아키텍츠(Vo Trong Nghia) 설계.

건강, 행복, 상리공생

4장

워드 씨의 투명하고 단단한 유산

"원래의 기력과 생명력을 지닌 진정한 식물을 보고 싶다면
한 가지 방법밖에 없다.
그것은 워디언 케이스 안에 식물을 키우는 것이다."

셜리 히버드, 1856년[1]

우리는 생물다양성을 유리상자 안에 담아두는 것을 좋아한다. 우리는 테라리움, 박물관의 디오라마, 아쿠아리움을 통해 상상 속 열대 세계의 축소판을 만들어낸다. 이러한 전통은 고대의 호기심 캐비닛 (cabinets of curiosity, 유물이나 진귀한 물건들을 전시해놓던 방을 의미한다— 옮긴이)으로 거슬러올라가며 특히 선구적인 빅토리아시대 사람들과 연관이 깊다. 그중 가장 주목할 만한 인물은 런던 동부 화이트채플의 의사 너새니얼 백쇼 워드(Nathaniel Bagshaw Ward, 1791~1868)다. 그는 유리상자 안에 식물을 키움으로써 대양을 횡단해 안전하게 식물을 옮길 수 있는 용기를 만들어냈을 뿐 아니라, 수만 개의 작은 식물 세계들을 담아두기 위한 투명한 틀을 창조했다. 이 투명한 틀은 빅토리아시대의 응접실을 장식했고 건전한 오락거리이자 자연사에 관한 교육자료로 쓰였다.

테라리움, 유리 안에 담긴 작은 세계. 기술 발전으로 인해 작은 생육 환경을 집안 어느 곳에나 옮겨 놓을 수 있다.

작은 세계에 대한 매혹은 오늘날에도 정교한 형태로 계속되고 있다. 특정 세대의 사람들은 한때 집안에 테라리움을 많이 들여놓았다. 보통은 약간 녹색빛이 도는 커다란 유리통 안에 셀라기넬라(Selaginella), 이끼류, 피토니아(Fittonia) 같은 식물들이 들어 있었다. 오늘날 테라리움에 대한 관심이 다시 한번 커지고 있다. 워디언 케이스와 아쿠아리움의 전통은 아마노 타카시 같은 수경예술가와 사샤 스파찰(Saša Spačal), 아즈마 마코토(Makoto Azuma), 마크 디온(Mark Dion) 같은 현대미술가의 작품에서 융합되고 있다. 또한 주세페 리카리(Giuseppe Licari), 패트릭 블랑 같은 디자이너들은 이 미니어처 세계를 확대해, 인간이 실내식물로 둘러싸일 수 있는 거대한 그린 룸(green room)이나 수직 정원을 만들어낸다.

빅토리아시대 영국은 유리라는 소재에 취해 있었다. 이 소재는 조지프 팩스턴(Joseph Paxton)의 수정궁(Crystal Palace)과 리처드 터너(Richard Turner)의 큐 왕립식물원 팜 하우스(Palm House)처럼 산업계의 새롭고 경이로운 작품을 낳았다. 1845년 유리세(glass tax) 폐지로 인한 유리 수급의 편의성 확대와 열대식물 재배에 대한 식물학자 및 아마추어 자연주의자의 욕망이 합쳐져 새로운 발명을 위한 비옥한 토양이 조성되었다. 유명한 정원사이자 인기 잡지 〈가드너스 매거진 Gardener's Magazine〉의 발행인인 존 클라우디우스 루던(John Claudius Loudon)은 유리온실을 단순히 19세기 주택에 딸린 부속물이 아니라, 주택의 일부인 하나의 공간으로 홍보했다. "온실, 오랑주리(오렌지 및 기타 과수를 유럽 북방의 한랭지에서 재배하기 위한 건물—옮긴이), 혹은 유리온실은 가능하다면 모든 교외 주택에 딸려 있어야 한다."[2]

대부분의 혁명적인 발명품과 마찬가지로, 일찍이 잊힌 다른 혁신들

로비스 코린트(Lovis Corinth), 〈금붕어 수조 옆에서 책 읽는 여인Woman Reading Near Goldfish Tank〉, 1911, 캔버스에 유채.

이 존재했다. 18~19세기에 여러 유리상자들이 식물의 재배와 운송을 위해 실험적으로 사용되었다.[3] 예컨대 니콜라우스 조셉 폰 자킨은 빈 황실의 명을 받아 떠난 카리브해 제도 원정 당시(1754~1759) 식물 운송을 위한 특수 캐비닛을 만들었다. 영국에서는 글래스고대학교의 앨런 알렉산더 마코노치(Allan Alexander Maconochie) 교수가 워드의 발명품이 나오기 14년 전에 어항을 개조해 이국적인 양치류와 기타 식물들을 성공적으로 키웠다.[4]

식물 연구용 도구를 빅토리아시대 응접실에서 유행하는 장식물로 바꾸고 그것을 통해 식민지 농업에 혁명을 일으킬 수 있었던 것은 워

워드 씨의 투명하고 단단한 유산

너새니얼 B. 워드의 『유리 케이스 안에서의 식물 성장에 관하여On the Growth of Plants in Closely Glazed Cases』(1852)에 수록된 삽화.

드 박사의 복잡한 내력 덕분이었다. 워드는 평생을 아마추어 식물학자로 살았고 그의 개인 표본실에는 2만 5,000개의 표본이 있었다. 그는 대기오염과 가난이 심각한 런던 이스트엔드 지역에서 의사로 일하면서 산업오염으로 인해 인간이 어떤 대가를 치르는지 똑똑히 확인했다. 셜리 히버드는 (워드의 관찰 이후 30여 년이 흐른) 1859년, 런던에서 정원을 가꾸기가 얼마나 어려운지에 관해 다음과 같이 말했다. "매년 봄여름이면 수천 개의 아름다운 식물이 런던 인근 양묘장에서 런던 시내로 옮겨져 판매되고 이후 질식으로 느린 죽음을 맞는다. (⋯) 공기 대신에 그을음을 호흡하기 때문이다."[5]

어린 시절 워드는 자메이카로 여행을 다녀온 적이 있는데, 대기오염이 심각한 런던에서 양치류를 키우려고 애쓰는 동안 열대지방의 풍요로운 기억이 그를 얼마나 괴롭혔을지 짐작하기란 어렵지 않다. 하지만 그는 간단한 자연사적 관찰을 통해, 식물을 보호된 환경 속에서 안전하게 키울 방법을 찾게 되었다. 1829년 여름, 그는 이런 글을 썼다.

〔나는〕입구가 커다란 유리병 안에 담긴 촉촉한 흙 속에 스핑크스〔박각시나방〕의 번데기를 묻고 뚜껑을 닫았다. 이 병을 매일 지켜보는 동안, 더운 낮에 흙속의 습기가 증발해 유리병 안쪽 표면에 응결되었다가 다시 바닥으로 떨어지는 것을 관찰했다. 이에 따라 흙은 늘 같은 수준의 습도를 유지할 수 있었다. 번데기에서 나방이 나오기 약 일주일 전, 흙 표면에서 양치식물의 싹과 풀이 고개를 내밀었다.

나는 북향 서재의 창밖에 이 유리병을 내놓았고, 매우 기쁘게도 식물들은 계속해서 잘 자랐다. (…) 그 식물들에게 어떤 조치도 취할 필요가 없었고, 거의 4년간 식물들은 무성하게 자랐다. 한번은 풀꽃이 피었고 매년 양치 잎이 서너 개석 새로 돋아났다.[6]

RECTANGULAR FERN CASE.

직사각형 양치식물 케이스 삽화, 셜리 히버드(Shirley Hibberd), 『양치식물 정원The Fern Garden』, 제9판(1881).

워드 씨의 투명하고 단단한 유산

빅토리아시대의 다양한 장식 테라리움. 바 앤드 서그덴(Barr & Sugden)의 봄철 종자 카탈로그, 1866.

위디언 케이스는 선박 갑판에 밧줄로 묶인 채 소금기와 폭풍을 견디기도 했고, 빅토리아시대 응접실에 놓인 채 점잖고 유익한 대화의 소재가 되기도 했다. 워드는 로디지스 양묘장과 협업해 자신의 상자를 국제 식물 운송에 사용할 수 있는지 실험했다.[7] 1833년, 식물로 채워진 위디언 케이스가 시드니로 보내졌다. 그 여정에서 상자들은 극단적으로 다양한 온도에 노출되었지만 안의 식물들은 멀쩡한 상태로 목적지에 도착했다. 1834년, 그 상자들은 다시 호주 식물로 채워진 채 영국으로 돌아왔다. 앞선 여정과 마찬가지로 상자들은 극단적인 더위와 추위에 노출되고 눈을 맞기도 했지만, 도착한 식물들의 상태는 조지 로디지스(George Loddiges)와 워드의 눈에 만족스러웠다. 이렇게 해서 위디언 케이스는 상업적 가치를 증명했고 그때부터 널리 사용되기 시작했다. 세 건의 19세기 탁송물은 위디언 케이스가 빅토리아시대 식민지 발전에 기여한 특별한 상황을 잘 보여준다. 식물 사냥꾼 로버트 포춘(Robert Fortune)은 차나무 묘목을 중국에서 인도로 성공적으로 운송했고, 브라질의 파라고무나무(Hevea) 묘목은 큐 왕립식물원에서 말레이시아로 옮겨져 아시아 고무산업의 근간을 마련했고, 말라리아 치료제인 기나나무(Cinchona)는 페루에서 영국으로 운송되었다. 위디언 케이스는 먼 지역의 농업연구소와 식물원 간의 국제 셔틀 서비스를 제공했다. 1871년부터 1880년까지 큐 왕립식물원에서는 매년 평균 39건의 위디언 케이스 화물이 발송되었다.[8] 위디언 케이스는 '고국'에 대한 감정적 연결고리 역할도 했다. 1865년 멜버른에 프림로즈 화물이 도착했을 때, 고향을 그리워하는 3,000여 명의 인파가 그 식물을 구경하려고 몰려들었다.[9]

워드는 과학계 유명인사로 부상해 1833년에는 린네학회(Linnean

Society)에서, 1851년에는 만국박람회에서 워디언 케이스를 소개했다.[10] 왕립학회, 왕립예술학회, 영국과학협회는 모두 이러한 혁신에 박수를 보냈다.

워드는 이전에 실패했던 식물 재배에 관한 원예가로서의 직관에 의해 동기부여를 받았지만, 사회 개선과 종교라는 빅토리아시대의 지배적인 가치로부터 영향을 받기도 했다. 그는 의사로 일하면서 일상에 만연한 비참함을 목격했고 워디언 케이스를 가난 해결과 건강 증진을 위한 자산으로 여겼다. 그가 쓴 책의 한 챕터에는 "가난한 사람들의 상태를 개선하기 위한 '폐쇄형' 플랜의 적용에 관하여(On the Application of the "Closed" Plan in Improving the Condition of the Poor)"라는 제목이 붙었다. 여기서 워드는 창턱의 워디언 케이스에 영양가 풍부한 잎채소를 재배함으로써 "밀집된 인구의 도덕적, 육체적 욕구를 해소"할 수 있고, 가난한 사람들이 그 케이스를 장식할 수 있는 탑과 폐허의 모형을 만드는 사업에 참여할 수도 있다고 제안했다. 또한 그는 결핵과 홍역 치료 과정에 유리상자와 햇빛의 가치를 고려했다. 훌륭한 빅토리아시대 인물이었던 워드는 워디언 케이스와 식물 감상이 지닌 정신적 가치를 알아봤다. 안데스산맥의 나무고사리와 카나리아제도의 산림지대에 관해 거창하게 묘사한 다음, 그는 이렇게 썼다.

나무고사리는 식물계에서 가장 장엄한 존재이다. 온대지역에서는 자연과 예술의 죽음과 부패 위에 불사조처럼 피어나는 아름다움에서 기쁨을 얻지 못하는 사람, 이처럼 보이는 창조물을 통해 전능하신 하느님의 보이지 않는 지혜와 훌륭한 솜씨를 알아차리지 못하는 사람은 선망의 대상이 되지 못한다.[11]

딕 래드클리프 앤드 컴퍼니(Dick Radclyffe & Co.)의 광고, 『양치식물과 양치식물 재배지Ferns and Ferneries』(1880).

워디언 케이스의 작동 방식은 일부 사람들을 어리둥절하게 했다.[12] 보편적인 인식과 달리, 워디언 케이스는 완벽하게 밀봉된 유리상자가 아니었고 어느 정도의 원예적 개입이 요구되었다. 이러한 혼선으로 인해 이 발명품을 비판하는 논객들도 있었다. 예컨대 히버드는 "워드의 이론"은 "망상이자 함정"이라고 폄하했다. 또한 이 마법 같은 유리상자가 시간의 흐름을 지연시킬 수 있는지, 잘린 꽃이 시드는 것을 늦추거나 부패를 멈출 수 있는지에 대한 명백히 형이상학적인 논쟁이 벌어지기도 했다.[13]

워디언 케이스와—비록 빅토리아시대의 훨씬 더 고요한 예술작품이긴 하지만—박제가 담긴 상자의 연관성을 떠올리는 건 어렵지 않다. 박제된 새와 동물로 채워진 상자—이국적인 죽은 것들의 소우주—는 빅토리아시대 응접실에서 흔히 볼 수 있는 장식품이었다. 난초와 파인애플과 식물을 영국으로 실어나르던 식물 수집가들이 벌새 가죽처럼 이국적인 물건도 취급했다는 건 이미 잘 알려진 사실이다. 워드의 친구이자 양묘업자인 조지 로디지스는 유명한 수집가였는데, 그가 수집한 벌새는 200종 이상이었고 현재 런던 자연사박물관에 전시되어 있다.[14] 1835년 로디지스 소속 채집가 중 한 명인 앤드루 매슈스(Andrew Matthews)는 새로운 속의 벌새를 발견했고 자신의 고용주 이름을 따서 그 새의 학명을 붙였다. 로디게시아(Loddigesia)는 단형 속(屬)이다. 다시 말해, 이 속 안에는 로디게시아 미라빌리스(L. mirabilis), 일명 물까치라켓벌새(marvellous spatuletail)라는 단 하나의 종밖에 없으며 안타깝게도 현재는 멸종위기에 처해 있다. 위대한 양묘업자이자 이국적인 물건의 수집가로는 해리 J. 베이치(Harry J. Veitch, 1840~1924)

실내식물의 문화사

도 있다. 그는 열대 조개껍질에 대한 남다른 안목과 민족지학적 호기심을 지닌 인물이었다. 그의 수집품 중 일부는 현재 런던의 영국박물관과 엑서터의 로열 앨버트 박물관에 전시되어 있다.

워디언 케이스의 발명은 자생 양치식물을 수집하고 키우는 독특한 유행과 시기적으로 맞물린다. 이러한 트렌드를 '테리도마니아(Pteridomania)', 즉 '양치식물 마니아'라고 했다. 빅토리아시대 영국은 부를 축적하고 있었고, 부자들에게는 취미를 즐길 시간과 돈이 있었으며, 무엇보다 시골지역까지 연결된 새로운 철도망도 마련되어 있었다. 워디언 케이스는 새로운 열풍을 위한 그릇으로 쓰였고, 이 취미는 중산층의 응접실 한가운데에 전시되었다. 양치식물은 다양한 취향과 예산을 충족시키기 위해 아찔할 정도로 다양한 상자 안에 전시되곤 했다. 워드는 길이 2.4미터의 정사각형 모양으로 '틴턴 수도원(Tintern Abbey)'이라는 이름의 상자를 만들었다. 거기에는 수도원 모형, 50종의 양치식물, 야자수와 동백나무를 비롯한 여러 식물이 담겨 있었다.

『물의 아이들*The Water-Babies*』(1863)의 저자 찰스 킹즐리(Charles Kingsley)는 자신의 저서 『글라우쿠스; 혹은 해변의 경이*Glaucus; or, The Wonders of the Shore*』(1854~1855)에서 이러한 열풍에 대해 언급했다.

아마도 당신의 딸들은 요즘 한창 유행인 '테리도마니아'에 빠져서 양치식물과 그걸 담아둘 워드의 상자들을 사모으고(물론 그 비용은 당신이 감당해야 하겠죠), 발음하기도 어려운 종들에 대해 언쟁하고 있는 듯합니다(그들이 구입하는 새로 나온 양치식물 서적마다 이름이 다르게 적혀 있는 것 같더군요). 테리도마니아가 당신에게 지긋지긋하게 느껴질 때까지 말이죠.[15]

양치식물은 섬세하고 우월한 수집의 대상으로 여겨졌으며 윌리엄 스콧은 『플로리스트 매뉴얼The Florist's Manual』(1899)에서 다음과 같이 설명했다. "양치류에 취미가 있거나 그걸 좋아하는 사람들은 우월한 정신의 소유자라고 말해도 무리가 없을 것이다. (…) 그건 일반적인 무리보다 훨씬 우월한 정신이다."[16] 이와 유사하게, 히버드는 『양치식물 정원The Fern Garden』(1869)에서 실내 양치식물의 가치에 대해 시적으로 묘사했다.

정원들은 잊히고 심지어 무덤들도 오물에 덮여 훼손되어가는 가운데, 양치식물 상자는 값을 매길 수 없는 가치를 지닌다. 그것은 숲의 생명체와 함께 봉인된 숲의 작은 조각이다. 그 뚜껑을 여는 순간 우리는 바이올렛이 흔들리며 자라는, 숲이 우거진 작은 골짜기에 온 듯한 향기를 맡을 수 있다.[17]

영국의 상업적인 양치식물 채집가들은 희귀한 표본을 찾아내 도시의 양치식물 중독자들에게 판매하기 위해 시골 구석구석을 뒤졌다. 킬라니 양치류(Killarney fern)와 고산지대 우드풀(woodsia)처럼 희귀한 지역 특산종들은 개체수가 급감했고, 채집가들이 현지 양치류를 죄다 뽑아서 런던의 시장으로 보낸다는 소문이 무성했다. 잎 모양이 특이하거나 교잡종인 경우 높은 가격에 거래되었고, 여느 식물 열풍과 마찬가지로 새로운 품종명을 둘러싼 혼란이 빚어졌다.

노나 벨라이어스Nona Bellairs는 식물 안내서이자 회고록인 『튼튼한 양치식물Hardy Ferns』(1865)에서 흥미롭게도 과도한 채집으로부터 양치식물을 보호하기 위한 법을 촉구했다. "불쌍한 양치류는, 과거의 늑대들과 마찬가지로, 목에 현상금이 걸려 있으며 그와 비슷한 방식으로 곧 사라질 것이다. 우리는 '양치식물법'을 도입해 양치류를 사냥감처럼 보호해야 한다."[18] 이 감동적인 양치류 보전 요청은, 그녀가 희귀 양치류를 채집하기 위해 어떤 식으로 데본의 시골 곳곳을 수색했는지를 장황하게 설명한 직후에 나온다.

테리도마니아는 곧 대중적인 도예 취향에 영향을 주었고, 웨지우드, 민튼, 로열우스터, 리지웨이, 조지 존스를 비롯한 회사들은 양치류 모티프로 장식된 도자기를 선보였다. 슈롭셔에 있는 콜브룩데일 컴퍼니(Coalbrookdale Company)는 아주 유명한 '양치류와 블랙베리(Fern and Blackberry)', '오스문다 레갈리스[왕관고비](Osmunda Regalis [royal fern])' 정원 의자를 비롯해 아름다운 주철 가구를 생산했다.

빅토리아시대의 양치식물 열풍은 몇 가지 원예 유산을 남겼는데, 그 중 하나는 인기 있는 실내식물인 보스턴고사리 '보스토니엔시스'(Nephrolepis exaltata 'Bostoniensis')다. 1894년 필라델피아 회사 로버트 크레이그 앤드 컴퍼니(Robert Craig and Company)는 100개의 보스턴고사리(N. exaltata)를 매사추세츠주 보스턴의 F. C. 베커(F. C. Becker)에게 보냈다. 베커는 그중 하나가 유독 깃털처럼 잎이 넓고 줄기가 늘어져 있는 것을 발견했다.[19] 다른 출처에 따르면 보스턴고사리를 처음 발견해 그 돌연변이를 보스턴으로 보낸 것이 마이애미의 양묘업체인 소어 브라더스(Soar Brothers)라고 한다. 이 야생종은 플로리다 원산으로 서리가 내리지 않는 생육 환경을 필요로 한다. 일리노이 소재 스프링필드 플로럴 컴퍼니(Springfield Floral Company)의 젊은 점원이었던 해리 어슬러(Harry Ustler)는 보스턴고사리를 플로리다에서 재배한다면 더 큰 수익을 거둘 수 있으리라 판단해 1911년 올랜도에서 멀지 않은 아폽카 인근에 양묘장을 연다. 양치식물은 플로리다 관엽식물 및 실내식물 산업의 초창기 버팀목이 되었다. 이 산업은 계속 성장했다. 1923년 무렵 아폽카 주민들은 그들이 사는 곳을 '양치식물 도시(Fern City)'라는 애칭으로 부르기 시작했고, 1927년 무렵 어슬러는 연간 100만 개 이상의 양치식물을 배에 실어 보냈다. 양치류 외에 관엽식물과 화분식물로 산업이 다각화되면서 1950년경에는 양치식물 도시가 '세계의 실내 관엽식물 수도'로 도약했다. 남부 플로리다는 오늘날에도 여전히 관엽식물을 대량 생산하는 세계 중심으로 활약하고 있다.

빅토리아시대 사람들은 자연사 수집품에도 열광했지만, 그에 못지않게 아쿠아리움에 매혹되었다. 워디언 케이스의 개발은 아쿠아리움에 즉각 적용될 수 있는 기술을 제공했고, 수생식물과 수중 산소 공급의 상관관계도 파악되었으며, 수집가 무리들을 헐벗은 양치류 서식지에서 해변의 새로운 수집지역으로 데려가줄 철도도 있었다. 로버트 워링턴(Robert Warrington)은 이러한 열풍을 주도하고 전파한 사람으로, 초기의 아쿠아리움은 '워링턴 케이스(Warrington Cases)', 수생생물 케이스, 혹은 응접실 수족관(Parlour Aquaria)이라고 불렸다. 얼마 지나지 않아 물고기와 수생식물을 위한 수중 서식지와 양치식물과 개구리를 위한 육지 서식지가 모두 갖춰진 케이스도 제작되었다. 이윽고 시드남(수정궁), 브라이튼, 사우스포트, 야머스, 맨체스터, 웨스트민스터 같은 지역에 새로운 공공 아쿠아리움이 들어섰다. 현재도 운영중인 브라이튼 아쿠아리움에는 원래 물고기와 불운한 쇠돌고래가 있는 수조와 더불어 양치류 정원과 작은 동굴이 꾸며져 있었다.

선구적인 아쿠아리스트(aquarist, 대형 수족관에서 수생생물을 관리하고 전시를 기획하는 전문가—옮긴이) 아마노 타카시(1954~2015)는 빅토리아 시대의 유산인 상자 안에 갇힌 세계를 조금 더 발전시키고 수생생물에 대한 생태학 지식과 뛰어난 디자인 감각을 보태, 워드와 워링턴이 본 다면 감격의 눈물을 흘렸을 법한 일련의 수중조경을 완성했다. 대다수 가정의 물이끼가 잔뜩 낀 수족관의 암울한 현실과 달리, 그의 아쿠아 리움에서 주요 생명체인 식물은 수중세계의 세련된 정수 과정을 맡고 있다. 아마추어 및 상업적 아쿠아리스트에게 모두 큰 영향을 미친 아 마노는 '수중조경을 위한 국제 수생생물 배치 경연(International Aquatic Plants Layout Competition for Aquascaping)'을 시작했다.

세계에 대한 은유로서의 워디언 케이스는 예술가와 과학자들에게 탐구의 대상이었다. 1970년대 초, 아르헨티나 예술가 루이스 페르난 도 베네디트(Luis Fernando Benedit)는 '피토트론(Phitotron)'을 만들었 는데, 이것은 생태적 순환을 살펴보기 위한 사실상의 작은 온실 혹은 큰 워디언 케이스였다. 1972년, 그는 토마토 70포기와 상추 56포기를 수경재배 할 수 있으며 조명과 액상비료가 인공적으로 공급되는 온실 을 뉴욕 현대미술관에 설치했다. [20] 이것은 폐쇄된 세계이자 환경 변화 에 대한 은유였다.

애리조나 사막에서 진행된, 외부와 완전히 단절된 거대한 유리돔 '바이오스피어2(Biosphere 2)' 실험이 역사상 가장 거대한 워디언 케 이스라고 주장하는 사람도 있을 것이다. 하지만 워디언 케이스가 빅토 리아시대에는 탁자 위 장식물이었던 것과 정반대로, 이 커다란 유리돔 안에서는 여덟 명의 사람이 내부에서 외부의 더 넓은 세상을 내다보며 지냈다. 유리돔은 생태 및 대기순환 과정을 연구하기 위한 폐쇄적인 생태계로, 1987~1991년에 걸쳐 건설되었다. 구조물은 1.27헥타르에

뒷장: 바이오스피어2, 세계 최대 규모의 워디언 케이스, 투손, 애리조나.

워드 씨의 투명하고 단단한 유산

달했고 내부는 거주지, 농경지, 건조하고 메마른 서식지, 2,000제곱미터의 열대우림, 850제곱미터의 바다로 구성되었다. 여덟 명의 인간('바이오스퍼리언')을 비롯해 다양한 동식물이 이 서식지 안으로 옮겨졌다. 완벽한 고립과 대기의 자급자족 상태에서 진행된 이전의 두 연구가 많은 논란을 일으켰지만, '바이오스피어2'는 생태 과정 연구를 위해 애리조나대학교의 감독하에 계속 진행되고 있다.[21]

예술가이자 박물관학자인 마크 디온의 다양한 작품에서는 워디언 케이스는 물론 표본 수집과 전시라는 빅토리아시대 전통과의 연관성도 엿보인다.[22] 대표적인 예는 시애틀에 위치한 뉴콤 비바리움(Neukom Vivarium)으로, 이것은 거대한 솔송나무(Tsuga)의 썩어가는 나무기둥을 담아둔 유리 구조물이다. 이 비바리움은 빛과 습도를 통해 원래의 숲 서식지를 재현하며 기존의 양치류, 이끼류, 균류, 토양과 함께 나무기둥이 자연스러운 부패의 과정을 겪을 수 있도록 한다. 셜리 히버드라면 이 작품을 보고 흡족해했으리라.

실내 공간을 위한 새로운 풍경은 21세기에도 건설되고 있다. 주세페 리카리 같은 예술가들은 현대 미술관의 전형적으로 새하얀 무균 공간 안에 잔디와 꽃나무가 무성한 '그린 룸'을 만들고 있다. 바라코 + 라이트 아키텍츠(Baracco + Wright Architects)는 한발 더 나아가 2018년 베니스비엔날레에서 사라질 위기에 처한 호주의 초원을 재현한 설치 예술 작품을 선보였다. 그들은 65종으로 구성된 1만 개 이상의 식물을 이용해, 현재까지 남아 있는 빅토리아주의 초원 중 1퍼센트에 해당하는 땅을 재현했다.[23]

우리는 브라질 원예가이자 조경가, 예술가인 호베르투 부를리 마르스(Roberto Burle Marx)의 작품을 통해 수직 정원의 초기 진화 과정을

패트릭 블랑의 실내식물 설치는 워디언 케이스 속의 환상적인 세계를 우리의 생활공간 안에 펼쳐놓는다. 스카이팀 라운지(Sky Team Lounge), 히스로 공항, 런던(위). 소피텔 팜 주메이라(Sofitel Palm Jumeirah), 두바이(아래).

살펴볼 수 있다. 부를리 마르스는 브라질 원산의 식물을 재료로 이용했고, 브라질이 열대국가로서의 정체성을 재발견하던 시기에 예술가로 활약할 기회를 얻었다. 브라질 남부 토레스에 위치한 그의 초기 작품인 구아리타 공원(Guarita Park)을 건설할 당시(1973~1978년), 그는 자연 절벽 위에 현지 파인애플과 식물들로 수직 정원을 조성했다. 또한 르 코르뷔지에(Le Corbusier), 오스카르 니에메예르(Oscar Niemeyer) 같은 건축가들과 함께, 열대식물을 이용한 공중정원을 설계했다. 그중 하나는 니에메예르와의 협업으로 탄생한, 식물 기둥과 식물 내부벽이 인상적인 상파울루의 방코 사프라(Banco Safra) 프로젝트이다.[24]

마르스는 하나의 전문적인 경로를 고수하기보다는, 식물과 생태학에 대한 지식과 디자인 직관을 융합했다. 이와 유사한 박식가의 맥락에서, 열대식물학자 패트릭 블랑은 가정은 물론 사무실, 쇼룸, 박물관, 호텔 같은 실내 공간에 열대식물을 대규모로 들여오는 움직임에 앞장섰다.[25] 블랑은 평생 현장에서 열대식물을 연구해온 인물이다. 그의 영감의 원천은 태국의 숲부터 베네수엘라의 꼭대기가 평평한 대산괴에 이르기까지 다양하며, 그는 혁신적인 원예를 통해 일련의 놀라운 실내 설치예술 작품을 완성했다. 어떤 의미에서 그의 작품은 아쿠아리움과 테라리움에서부터 점점 확장되어 건물 내부와 외부를 모두 아우르도록 발전했다. 그는 칼라디움과 스킨답서스처럼 친숙한 실내식물은 물론이고, 일반적으로 거의 재배되지 않는 열대의 수초 등 다양한 열대식물도 이용했다. 블랑은 낭만과 생물다양성이 넘치는 워디언 케이스 안으로 사람들을 초대했다. 그 안의 놀라운 식물들은 폭포처럼 벽을 타고 흘러내렸고 안개에 싸인 채 개울물을 따라 움직였다.

수십 년 동안 '실내식물'은 화분, 상자, 혹은 항아리에 담긴 식물을

워디언 케이스에 대한 현대적 해석. 제이미 노스(Jamie North), 〈인플렉션Inflection〉, 2019, 고로 슬래그, 콘크리트, 유리.

의미했다. 하지만 블랑을 비롯한 혁신가들은 여러 도구와 식물을 개발해 실내식물의 범위가 실내는 물론 집 주위 실외까지 확장될 수 있도록 했다.

5장

식물로 된 집

인류와 식물의 공동진화는 가속화되고 있으며 이는 우리 사회의 복잡한 변화를 반영한다. 이 공동진화의 다음 단계는 아주 신나는 과정이기는 하지만, 논란의 여지가 없는 것은 아니다. 이번 장은 몬스테라 모티프 장식으로 인해 놀라운 이국성의 신전으로 변신한 빈의 기차역 대합실에서 출발하여 화분식물이 새로운 건물 디자인의 핵심이었던 1950년대 캘리포니아 건축을 둘러본 다음, 식물, 조류, 균류에 의해 만들어지고 장식된 건물—말 그대로 식물로 된 집—이라는 새로운 미래를 만들어가는 혁신적인 프로젝트들을 살펴보는 것으로 마무리한다. 이처럼 새로운 형태의 건축과 연관된 분야는 바로 살아 있는 식물과 로봇 기능의 혼합, 그리고 새로운 식물 개발 과정에서 새로운 분자 도구의 활용이다. 이상하게도, 건물이 더 유기적으로, 어쩌면 더 자연적으로 진화하는 동안 우리의 실내식물은 덜 자연적으로 변하는 것일

오토 바그너가 꾸민 몬스테라 모티프의 빈 기차역.

앨버트 스톡데일이 디자인한 CW 스톡웰 마르티니크(Martinique®) 벽지.

지도 모른다. 유전공학과 로봇공학은 우리가 집에 들여놓고자 하는 식물들을 필연적으로 다른 모습으로 바꿔놓을 것이다.

    한때 고정된 형태—창턱의 화분, 벽면을 장식한 모티프—였던 실내식물은 더 넓은 삶의 영역을 아우를 수 있도록 기능적으로 확장되고 있다. 혁신가와 디자이너들은 지속적으로 원예적 전문성이 축적되고

실내식물의 문화사

세상이 변화하는 것에 힘입어, 어떻게 하면 식물이 장식 용도 이상으로 우리의 생활공간을 개선할 수 있을지 연구중이다. 실내식물이 우리의 건강과 웰빙을 돕는 강력한 수단이라는 것은 알고 있지만, 이 공동진화의 다음 단계는 그 규모나 깊이가 이전과 극적으로 다를 것이다. 여러 환경 관련 과제들은 지속가능하고 무엇보다 살기 좋은 도시 바이옴을 만드는 데 있어 식물의 미래 역할이 무엇인지에 관해 질문을 던진다. 워디언 케이스가 빅토리아시대의 지적, 상업적 활력의 산물이었던 것처럼, 오늘날 우리가 우리의 생활공간을 개선해주는 식물과 관계를 맺는 원동력은 21세기의 기술과 창의성이다.

그런 의미에서 빈 기차역의 대합실은 훌륭한 출발점이다. 어쩌면 식물과 인간이 맺은 초기의 관계, 다시 말해 식물이 이차원의 이국적인 장식 모티프로 쓰이던 시절을 잘 보여주는 사례일지도 모른다. 오스트리아 건축가 오토 바그너(Otto Wagner)는 이국적인 요소를 사랑해 그가 지은 건물의 실내외를 식물 이미지로 뒤덮었다. 그중 특히 눈에 띄는 사례는 빈에 위치한, 활기 넘치는 마욜리카 하우스(Majolica House)이다. 하지만 그의 작품 중 가장 이국적인 것은, 1905년 당시 유럽 천남성과 식물 문화의 정신적 중심이었던 쇤브룬궁전 근처의 철도역 왕실 전용 대합실 내부 장식이다.[1] 대합실의 카펫과 벽은 몬스테라 잎과 기근(氣根)의 라이트모티프로 채워져 있다. 자체 식물원을 통해 천남성과 열대식물의 과학과 원예에 남다른 기여를 한 쇤브룬궁전의 입장에서 이보다 더 적절한 이미지가 또 있을까? 바그너의 디자인은 열대식물과의 오랜 로맨스를 잘 보여준다. 그것은 장식이자 심볼로 출발해 삶을 지탱하는 그물망으로 발전하며 그 복잡성과 관련성이 계속해서 커지고 있다.

식물로 된 집

이국적인 장식 모티프에 대한 사랑은 놀라울 정도로 지속적이며, 잎이 커다란 열대식물은 열대지방과 이국성을 상징하는 이미지로 쓰인다. 1941년, 섬유기업 CW 스톡웰(CW Stockwell)은 일러스트레이터 앨버트 스톡데일(Albert Stockdale)에게 바하마의 열대 분위기를 벽지 위에 옮겨달라고 요청했다.[2] 그 결과 이듬해 바나나 잎 모티프의 마르티니크(Martinique) 프린트가 출시되었고, 비벌리힐스 호텔에서 그것을 적극적으로 사용하면서 인기를 얻었다. 이 프린트는 아직도 상업적으로 판매되고 있다.

잎이 커다란 실내식물, 특히 필로덴드론과 몬스테라 같은 천남성과 식물들은 도시 디자인과 대중적 상상력의 일부로 편입되었다. 몬스테라는 북아프리카의 아열대 식민지 정원에서 그 식물을 처음 접한 예술가 앙리 마티스(Henri Matisse)를 매혹시켰고, 자메 티소트(James Tissot)의 그림 〈온실 속에서in the greenhouse〉(1869)의 이국적인 배경으로 이용된다. 또한 카르멘 미란다(Carmen Miranda)가 출연하는 알프레드 E. 그린(Alfred E. Green)의 영화 〈코파카바나Copacabana〉(1947)와 조니 와이즈뮬러(Johnny Weissmuller) 시대의 타잔 영화들처럼 열대를 배경으로 한 여러 영화에도 등장한다.

필로덴드론은 한 세대의 미국 및 유럽 모더니즘 건축가와 디자이너들에게 선택받은 식물이었다. 대형 판유리 창문이 달린 아름다운 오픈 플랜(open-plan)식 주택에는 필로덴드론 화분, 때로는 몬스테라 화분이 시선을 끌기 위해서, 혹은 창문의 접합 부위를 가리기 위해서 놓여 있었다. 리하르트 노이트라(Richard Neutra), A. 퀸시 존스(A. Quincy Jones), 로드니 워커(Rodney Walker) 같은 미국 건축가들은 그들의 건축물에 드러난 차가운 선과의 대조를 위해 식물을 이용했다.[3] 유럽에

실내식물은 현대 인테리어 디자인의 핵심적인 요소이다.

서 이러한 접근법을 적극적으로 활용한 사람은 덴마크 건축가 아르네 야콥센(Arne Jacobsen)이다. 빅토리아시대 사람들과 아르누보 디자이너들에게 사랑받던 이 열대우림의 식물들은 다른 세대의 관심도 받았는데, 이 화분식물들의 과감한 잎이 매끈한 디자인의 건축물과 좋은 대비를 이루었기 때문이다. 이와 관련하여 1951년 페스티벌 오브 브리튼(Festival of Britain)은 영국의 공공장소에서 거대한 용기에 든 식물들을 처음으로 이용한 행사였다.

실내식물의 전통적인 역할, 다시 말해 장식물로서의 역할은 건물의 디자인과 물질대사로까지 확장되고 있다. 우리는 집안 공기의 질을 개선하려면 왕성하게 잘 자라는 식물을 아주 많이 키워야 하며 이와 관련된 건축적, 공학적 지원이 필요하다는 것도 알고 있다. 하지만 패트릭 블랑의 그린 빌딩과 도시 협곡(urban canyon)이라는 비전이 더해지

식물로 된 집

로이 드 마이스트리(Roy De Maistre), 〈램프가 있는 인테리어Interior with Lamp〉, 1953, 판지에 유채.

고 도시 바이옴의 생활환경을 개선해야 한다는 인식이 강해짐에 따라, 우리는 식물이 방들을 연결하고, 건물을 뒤덮고, 둘둘 말린 채 풍경 속으로 스며드는 모습을 목격하고 있다. 이것은 진정한 삼차원의 관계이다. 디자이너와 건축가는 실내와 실외의 조경을 통합하고 공학과 원예, 예술과 과학을 뒤섞는다. 이러한 접근 방식은 대단한 야심을 품고 있다. 대규모의 식물을 이용해, 도시환경의 물질대사 중 일부로 기능하며 디자인적으로도 탁월한 새로운 도시 서식지를 만들어내는 것이다. 이끼류, 균류, 조류를 주택의 구성 요소로 적극적으로 활용하는 참신한 접근법을 통해 실내식물의 역할은 더욱 확장되고 있다. 이러한 하이브리드 영역의 최전선에는 식물 바이오하이브리드(biohybrid)의 발전, 다시 말해 살아 있는 식물과 마이크로공학의 융합이 존재한다.

방, 구조물, 정원 사이의 장벽이 무너졌다. 고하르 다쉬티(Gohar Dashti), 〈홈Home〉 시리즈에 포함된 〈무제Untitled〉, 2017, 설치미술 사진.

식물로 된 집

장 누벨(Jean Nouvel)이 설계한 키프로스 니코시아의 타워25(Tower 25)는 내부 식물과 외부 식물의 뒤섞임을 잘 보여준다.

머빈 피크(Mervyn Peake)의 『고멘가스트Gormenghast』(1950~1959) 3부작에는 왕국의 거대하고 복잡한 구조물이 나온다. 이 구조물은 오래된 나무와 담쟁이덩굴로 덮여 있고 모르타르와 벽돌만큼이나 축축한 잎사귀들이 많다. 오늘날 싱가포르에서는 몇몇 특별한 건물들이 피크의 소설에 나온, 식물로 뒤덮인 도시의 재생 버전을 잘 보여준다. 이곳은 우울한 고멘가스트보다 훨씬 햇빛이 잘 들고 생동감 넘친다. 이 비전은 열대 아시아 대도시들이 긴급히 필요로 하여 출발했다. 이 도시들은 높은 인구밀도로 인한 문제를 해결하고, 살기 좋으면서 도시 열섬 현상을 개선할 수 있는 초고층건물을 짓고, 폭우로 인한 빗물의 흐름을 늦추고, 생물다양성의 파괴를 되돌려야 했다. WOHA가 설계한 오아시스 호텔 다운타운(Oasia Hotel Downtown)은 이러한 철학을 잘 반영한다. 이 30층 높이 호텔은 다양한 열대 덩굴식물을 지탱하는 거대한 격자 구조물로 덮여 있으며, 테라스와 내부 공간에서 자란 나무들이 시원한 그늘을 제공한다. 거대한 수직형 서식지가 조성되었고 그 식물 그물망 안에는 우리가 익히 알고 있는 여러 실내식물도 있다. 다른 사례로는 테라스가 무성한 열대식물들로 뒤덮인 싱가포르의 쿠텍푸아트 병원(Khoo Teck Puat Hospital)이 있다.[4] 우리는 마이애미와 홍콩 같은 도시에서 현재 진행중인 변화와 연관해서 힌트를 얻을 수 있다. 그곳에서는 관상식물로 들여온 무화과나무가 건물과 고가구조물의 균열 틈에서 발아하고 있어 향후 앙코르와트식 대도시 미로의 탄생을 암시한다.

　이러한 혁신은 열대지방에 한정된 것이 아니다. 스테파노 보에리(Stefano Boeri)가 설계한 밀라노의 장엄한 보스코 베르티칼레(Bosco Verticale)에서도 확인할 수 있다. 새로운 세대의 초고층건물들은 농장

뒷장: WOHA가 설계한 싱가포르 파크 로열(The Park Royal)은 외부의 식물과 실내의 식물이 어우러지는 현대적인 도시 풍경을 연출한다.

식물로 된 집

과 아파트의 개념을 융합한다. 오스트리아 건축사무소 프레히트(Precht)는 '팜하우스(Farmhouse)' 개념을 발전시키는 중인데, 이것은 거주자들이 실내외 재배 공간에 마련된 수직 농장에서 직접 식량을 생산할 수 있는 모듈형 주택이다.

이러한 프로젝트는 식물들에게 건물의 그물망과 정체성의 필수 요소라는 새로운 역할을 부여하고 있다. 덩굴이 다른 식물들을 뒤덮고, 균류가 다양해지고, 각기 다른 종들이 수십 년에 걸쳐 햇빛, 열, 수분, 영양분에 반응하는 가운데, 이러한 수직 생태계가 성숙해가는 모습을 지켜보는 건 멋진 일이 될 것이다. 이것은—충분히 성숙하도록 내버려두기만 한다면—친환경 야생-도시 협곡(green wild-urban canyon)으로 발전할 것이고 지금의 우리는 그 생태적 궤적을 어렴풋이 짐작만 할 수 있을 뿐이다.[5] 아이러니하게도, 지속가능한 미래를 위해 설계된 이 새로운 녹색 협곡들은 전쟁으로 파괴된 베이루트 도심의 협곡들과 유사하다. 그곳에서는 폐허더미와 가죽나무와 무화과나무의 덤불을 배경으로, 폭격 맞은 베란다에서 자라는 실내식물들을 볼 수 있다. 화분에 담긴 채 깨진 창문 바깥으로 고개를 내밀고 있는 피닉스야자(Phoenix roebelenii), 한 무리의 알로에, 붉은 빛깔의 펠라르고늄 같은 것들 말이다.

이처럼 생물 친화적인 접근법은, 건물 내부와 외부의 식재지가 명백히 번식지 겸 보호구역으로 설계된 경우 다음 단계로 도약하게 된다. 2020년, 지속가능성을 추구하는 디자인 그룹 테레폼 원(Terreform ONE)은 뉴욕 도심에서 제왕나비의 생육을 돕는 건물이라는 컨셉을 개발했다.[6] 이 '모나크 생추어리(Monarch Sanctuary)'는 소매점과 오피스 공간으로 구성된 8층 건물이다. 하지만 이 건물의 목적, 그리고 이 건

식물들로 만들어진 집. 밀라노의 보스코 베르티칼레, 보에리 스튜디오(Boeri Studio) 설계.

새로운 세대의 실내식물. 조류는 장식품이자 식량자원, 연료로서 실내 환경으로 스며들고 있다. 설치미술, 에코로직 스튜디오(ecoLogic Studio), 2021 베니스 건축 비엔날레.

물의 정체성은 제왕나비(Danaus plexippus)의 번식지이자 보호구역 역할을 하는 것이며 이 건물은 '인간, 식물, 나비가 공존하는 새로운 바이옴'으로 설명된다. 지붕, 뒷벽, 테라스의 개방된 공간에 심어진 아스

실내식물의 다음 개척지. 식물, 이끼, 조류의 건물 외벽 점령.

클레피아스(milkweed)와 여러 꽃들이 도심의 제왕나비들에게 먹이를
제공하고, 아트리움과 도로 방향의 이중 외벽은 폐쇄된 번식지로 이용
될 것이다. 초대형 LED 스크린은 행인들에게 대왕나비의 모습을 보여
줄 것이다. 내부 구조는 균사체로 채워질 것이고, 광합성 조류가 건물
내 하수와 공기의 정화를 도울 것이다. 지붕에 설치된 태양광 패널은
설비 전력으로 쓰일 신재생에너지를 생산한다.

　모나크 생추어리는 균류와 광합성 조류 등 다양한 생물을 활용한다.
실내식물에 관한 우리의 정의는 과거에도 아주 느슨했지만, 앞으로는
균류, 이끼류, 조류 등 더 다양한 생물군을 포함하게 될 것이다. 이 생
물군은 향후 몇 년 안에 주택 내부의 생활공간과 점점 더 통합되어 장
식 용도는 물론 생명을 유지하는 용도로도 쓰일 것이다.

　함부르크의 '바이오인텔리전트 쿼션트(Bio-Intelligent Quotient)'는

세계 최초로 조류를 동력으로 이용하는 건물이다.[7] 이 5층짜리 패시브 하우스(passive house, 첨단 단열공법을 이용하여 에너지 낭비를 최소화한 건축물—옮긴이)의 외벽에는 미세조류가 담긴 수조가 있는데, 여기서 자란 조류를 수확해 바이오연료로 이용한다. 게다가 수조는 건물 단열재 역할을 하며 태양에너지를 모은다. 데워진 물은 온수 및 난방에 직접 활용되거나 지열교환기를 통해 지하에 저장된다. 미래에는 조류를 양식해 식량 혹은 (아마도 건물 내외부의 조경을 위한) 비료로 활용하거나 공기 중 오염물질 여과에 사용하는 방안도 추진될 예정이다. 각 수조의 조류가 일정 단계까지 자라면 수확하여 바이오가스로 전환하는데, 이것을 연소해 겨울철 난방을 제공할 수도 있다.

이 프로젝트에 쓰이는 조류는 인근의 엘베강에서 채집한 야생종이다. 실내식물 재배화의 패턴과 마찬가지로, 생리적인 효율성과 심미적인 색상을 지닌 종을 선별하는 등 조류의 재배화도 신속하게 이루어질 것이다. 인테리어 디자이너 안현석은 이를 예상하고 2019년 아파트나 주택에서 장식용으로 쓰일 수 있는 일련의 실내 녹조 농장을 디자인했다.[8] 이 기하학적 형태의 벽걸이 수족관에는 성장 정도에 따라 서서히 색깔이 바뀌는 녹조가 담겨 있다. 프랑스 생화학자 피에르 칼레자(Pierre Calleja)는 생물발광 조류를 이용해, 밤거리를 밝히는 동시에 이산화탄소를 흡수하고 산소를 생성할 수 있는 일명 '스모그를 잡아먹는' 가로등의 시제품을 만들었다.[9]

또다른 광합성 생명체인 이끼류는 생활공간의 공기정화에 사용된다. 이 고대 생물은 우리의 방을 장식하는 동시에 공기를 깨끗하게 만드는 능력이 있다(다만 인테리어용 녹색 이끼 벽은 다양한 빛깔의 녹색으로 물들인 죽은 순록이끼[reindeer moss, 지의류]로 만들어지는 경우가 많다).[10] 이끼

테렌스 콘랜(Terence Conran)의 인테리어 디자인 전시, 심슨즈 오브 피카델리(Simpson's of Piccadilly), 런던, 1949~1956년경, 나이젤 헨더슨(Nigel Henderson) 사진.

는 많은 양의 오염물질, 특히 잠재적 온실가스이자 인간의 건강을 위협하는 블랙카본을 효과적으로 흡수한다.[11]

　　생물학적 콘크리트 혼합물의 사용은 이끼류, 지의류, 양치류의 점령을 장려함으로써 생명이 살 수 없는 무균의 벽을 생명의 서식지로 바꿔놓는다. 스페인 카탈루냐 공과대학교(바르셀로나 공대)에서는 혁신적인 연구를 통해, 빗물을 모아 저장할 수 있는 생물학적 층을 가진 콘크리트를 개발했다. 이것은 미세조류, 균류, 지의류, 이끼류에게 필요한 습윤한 생육환경을 제공한다.[12] 이와 비슷하게, 인도 뭄바이의 디자인 혁신학교(Indian School of Design and Innovation) 연구자들은 흙, 시멘트, 숯, 수세미 섬유를 배합하여 벽돌을 만들었다. 이들의 목표는 식물과 벌레가 외부 표면에 달라붙어 살 수 있는 건물을 만드는 것이다.[13]

이것은 완전히 새로운 원예적 팔레트의 시작이다. 자연적인 점령을 통해 외벽을 녹화하여 새로운 서식지를 만들어내는데, 이때 각 벽의 생태는 방향, 평균적인 습도, 공기오염 정도에 따라 달라진다. 다음 단계인 정교화 과정에는 벽면을 장식하기 위한 이끼류, 조류, 지의류의 배합을 개선하는 것이 포함될 것이다. 원예 트렌드 개척과 엘리트주의의 신세계가 우리 앞에 놓여 있다.

뉴욕 디자인 스튜디오 더 리빙(The Living)이 2014년에 퀸즈에 지은 하이파이(Hy-Fi)를 통해 미래를 엿볼 수 있다. 이것은 13미터 높이의 탑 세 개가 연결된 구조물로, 식물 폐기물과 균사체가 원재료인 1만 개의 벽돌로 지어졌으며 궁극적으로 재활용 가능한 살아 있는 건물이었다.[14] 이 구조물이 해체된 지 3개월 후, 벽돌은 퇴비가 되었고 그렇게 만들어진 흙은 지역 공공정원에 사용되었다.

분자과학은 영향력 있는 포괄적인 분야가 되었다. 향후 예술가나 엔지니어, 원예가 들은 분자유전학이라는 강력한 무기를 통해 차세대 실내식물을 개발할 가능성이 높다. 브라질계 미국인 예술가 에두아르도 칵(Eduardo Kac)은 예술의 정의를 확장시켜 새로운 생물학적 개체인 트렌스제닉 아트(transgenic art)를 창조했다.[15] 그는 〈수수께끼의 자연사Natural History of the Enigma〉(2009) 프로젝트에서 자신의 게놈에서 유전자를 분리해 그것을 페튜니아의 성장 세포에 삽입한 다음, 그 식물을 온전히 기능하는 표본으로 키워 전시회를 열었다. 일상적이고 본질적으로 '저렴하고 보기 좋은' 화단용 식물이 인간의 단백질을 생산하게 된 것이다. 몇몇 사람들에게는 공포스럽게도, 칵의 교잡종은 과학자나 원예가가 아닌 예술가의 작품이고, 이러한 신기술은 오랜 교배의 과정을 와해하는 동시에 가속화할 것이다. 여러 면에서 칵은 '신성한' 경계를 넘어섬으로써 토머스 페어차일드의 18세기 육종 실험을 재현한 셈이지만, 페어차일드는 자신의 영혼을 더럽혔다고 두려워한 반면 칵은 이런 딜레마를 즐기는 듯하다.

칵이 이 식물을 선택한 이유는 페튜니아가 잘 알려진 '실험실 생쥐'인 탓도 있겠지만, 아주 흔하게 거래되는 상품인 탓도 있다. 페튜니아는 매년 여름마다 잔뜩 재배되는, 진부한 동시에 잠재적으로 통제 불가능한 식물종이다. 2015년, 핀란드 식물생물학자인 테무 테리(Teemu Teeri)는 선명한 주황색 꽃이 핀 페튜니아를 발견하고는 30년 전 봤던 유전자조작(유전자변형) 재배종을 떠올렸다. 실제로 그는 날카로운 안목으로 일련의 유전자변형 식물들을 찾아냈는데, 그런 식물은 유럽에서 불법이다. 그 식물들은 우연찮게 육종 프로그램에 이용되었다가 이후 원예 시장으로 유출된 것이다. 그 결과, 2017년까지 수십만 개의 불법 페튜니아가 폐기되었다. 페튜니아는 우리가 직면한 도전에 대한 완벽한 은유이다. 이 식물은 1830년대로 거슬러올라가는 긴 재배 역사를 자랑하는 동시에, 식물 육종의 분자 시대가 내포한 위험과 잠재력을 모두 보여준다. 유전자변형 페튜니아가 생태계나 인간의 건강에 미치는 위험은 전혀 혹은 거의 없다고 알려져 있지만, '2017년 유전자조작 페튜니아 대학살'은 식물 육종 프로그램은 유출 위험이 크며 논란의 여지가 있음을 잘 보여준다.[16]

도전을 받고 있는 또다른 경계는 살아 있는 시스템과 자동화된 시스템의 병합이다. 예술가 사샤 스파찰은 현대식 워디언 케이스인 테라리움을 이용해 서로 다른 계(界) 간의 소통―〈7K: 뉴 라이프 폼7K: new life form〉(2010)의 경우, 인간과 식물과 균류의 생리적 과정 사이의 소통―의 가능성을 타진했다.[17] 스파찰에 따르면 '7K' 혹은 '일곱번째 계(Seventh Kingdom)'는 새롭고 진화하는 계, 생물이 인간의 생각과 도구와 욕구를 표현하는 계를 의미한다. 일곱번째 계는 바이오하이브리드 로봇공학(biohybrid robotics)을 통해 이미 우리 곁에 와 있다. 식물의 뿌리, 줄기, 잎, 관다발은 성장과 기능을 조절하는 화학신호를 분배한다. 연구자들은 이런 시스템을 관찰하고 전기회로와의 연관성을 밝혔다. 예컨대 한 스웨덴 과학자 집단은 살아 있는 식물조직으로부터 제대로 작동하는 전기회로를 만들었다.[18] 과학자와 엔지니어들은 식물과 균류를 결합해 자동화된 건설 작업과 건물의 물리적 뼈대로 이용할 방법을 연구하고 있다.[19]

매사추세츠공과대학(MIT)의 한 연구팀은 식물 나노생체공학이라는 연구 주제 아래, 나노 재료를 식물 생장과 결합시켜 광합성 효율을 높이고 오염물질 모니터링과 같은 새로운 기능을 추가할 방법을 찾고 있다.[20] 한 프로젝트는 향후 실내식물업계와 MIT의 식물 나노생체공학 팀의 협업 가능성을 암시한다. 일명 '어둠 속에서 발광하는 식물(glow-in-the-dark plant)'은 표면적으로 기발하면서 심오한 의미를 담고 있는 프로젝트이다. MIT 연구팀은 생물체가 빛을 내는 데 관여하는 효소 시스템인 루시페라아제(luciferase)를 이용했는데, 그 효소를 다른 나노분자 운반체에 담아 살아 있는 식물에 삽입했다. 미래에는 빛의 강도와 지속시간을 늘리는 연구가 진행될 것이며, 어쩌면 한 번의 조치로 식물의 수명이 다할 때까지 발광기능이 유지될지도 모른다.

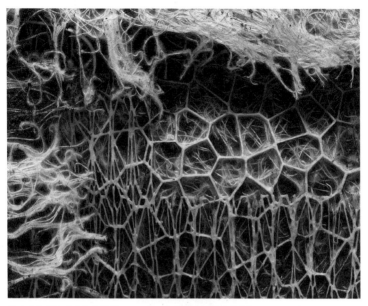

근계 재배 섬유. 디아나 슈어러(Diana Scherer), 〈인터우븐(근계 재배화)Interwoven(Exercises in Root System Domestication)〉, 2018, 뿌리와 흙.

해리 베이치(Harry Veitch)가 이런 기술을 알았다면 어떻게 반응했을지 짐작하기란 어렵지 않다. 침대 옆에 놓인 스트렙토카르푸스 화분 조명과 밤거리를 환하게 밝히는 칠레소나무 가로등의 광고가 베이치사(社)의 카탈로그에 대문짝만하게 실렸으리라.

MIT 엔지니어들은 식물조직에 내장된 카본 나노튜브 센서를 통해 상처, 감염, 빛 공해와 같은 스트레스에 대한 식물의 반응을 추적하는 방법을 개발중이다. 이러한 센서는 과산화수소 농도를 보고하는데, 이것은 잎 내부의 생리적 스트레스에 대한 신호이며 조직 재생을 촉진하고 곤충이나 곰팡이에 대한 방어 메커니즘을 활성화하는 역할을 한다. 과산화수소 농도는 초소형 라즈베리파이(Raspberry Pi) 컴퓨터에 부착

디아나 슈어러, 〈너처 스터디스Nurture Studies〉, 2012, 흙, 씨앗, 사진.

된 카메라를 통해 모니터링되고 그 내용은 스마트폰으로 전송된다.[21] 이제 당신의 스마트폰에 스트레스를 유발하는 앱이 하나 더 깔리게 생겼다. 당신은 실내식물의 호출까지 받게 될 것이다.

　MIT 연구와 비슷한 맥락으로, 뉴저지의 럿거스대학교는 바싹 마른 실내식물들을 위한 또다른 솔루션을 개발했다. 플로라보그 (FloraBorg)—사실상 바퀴가 달린 식물 화분—군단은 대학 건물 내 복도를 배회한다.[22] 각각의 플로라보그에는 식물의 환경적 요구, 간단히 말해 빛과 물의 공급을 확보하기 위한 장치가 부착되어 있다. 화분 옆면의 태양광 패널은 빛을 감지하고, 배터리를 충전하고, 내장된 컴퓨터를 통해 빛이 더 잘 드는 곳으로 식물을 이동시킨다. 화분 안의 수분 감지기는 컴퓨터에 경고 메시지를 보내 식물을 가장 가까운 분수대 쪽으로 이동시키고, 그곳에서 지나가는 학생들에게 물을 뿌려달라는 신호를 보낸다. 중국 기업 빈크로스(Vincross)는 여섯 개의 다리가 달린 게 모양 로봇을 개발해 화분식물이 햇빛을 따라 이동할 수 있도록 했다. MIT 미디어랩에서 개발한 또다른 형태의 플로라보그인 엘로완 (Elowan)은 칼슘 기울기(calcium gradient)에 반응하는 전극을 통해 식물의 생리를 직접 이용하고, 로봇형 이동 기반과 통신하는 전기를 생산한다.

예술가 알렉산드라 데이지 긴스버그(Alexandra Daisy Ginsberg), 냄새 연구가 시셀 톨라스(Sissel Tolaas), 깅코 바이오웍스(Ginkgo Bioworks) 연구팀은 공동 프로젝트 〈숭고함 되살리기Resurrecting the Sublime〉(2019)를 통해 타임머신을 개발했다.[23] 히비스커스의 친척이자 20세기 초 하와이 산비탈에서 멸종된 히비스카델푸스(Hibiscadelphus)의 향기를 부활시킨 것이다. 이 연구팀은 멸종한 식물종의 표본실 샘플에서 DNA를 추출한 뒤, 합성생물학을 통해 향기를 위한 유전자 서열을 재합성했다. 이후 그 유전자 서열로 향기를 재구성했다. 과연 다음 단계는 이 유전자 서열을 살아 있는 실내식물에 삽입하는 것이 될까?

우리가 실내식물과 맺는 관계는 우리가 환경 및 야생 생물다양성과 맺는 관계의 축소판이다. 우리는 숭고하고 경탄할 만한 것을 창조할 도구들을 빠르게 개발하고 있다. 이제 오래전 멸종한 식물의 향을 재현할 수 있고, 어둠 속에서 발광하는 식물을 만들 수 있고, 살아 있는 식물조직과 시멘트를 결합한 미래의 건물도 구상할 수 있다. 우리는 경이와 논란의 시대로 접어들고 있는 것일지도 모른다.

창턱에서 자라는 각각의 실내식물은 더 큰 세상과의 연결고리이다. 그것은 식물 탐사의 역사와 식물 육종 및 유전학의 발전을 반영한다. 지난 400년 동안, 우리는 식물 재배화와 관련하여 역사상 가장 다양한 실험을 진행해왔고, 예술과 기술을 통해 야생식물의 해부학적 구조와 생리를 완전히 바꿔놓았다. 참신함은 여전히 실내식물 산업을 지배하고 있고 경계 허물기에 박차를 가한다. 그것이 간단하게 두 종의 꽃을 교배하는 것이 되었든, 방사선을 써서 신품종 아프리칸바이올렛을 개발하는 것이 되었든, 인간 유전자를 페튜니아에 삽입하는 것이 되었든 간에 말이다. 우리가 우리의 집으로 초대한 식물과의 공동진화는 생태, 윤리, 경제의 변화에 발맞추어 앞으로도 계속 진행될 것이다.

실내식물의 문화사

6장

야생종과 멸종위기종

가게에서 판매하는 셀로판지로 포장된 에케베리아 혹은 아프리칸 바이올렛을 보면서 최초의 야생종을 떠올리기는 쉽지 않다. 집에서 기르는 식물과 그들의 조상은 슈퍼마켓에서 판매하는 닭과 정글에 살던 야생 가금류만큼 차이가 클 수 있다. 현재 수없이 많이 번식되고 판매되는 실내식물은 멸종되었거나 멸종위기에 처한 야생 개체군에서 파생된 것일지도 모른다. 이러한 실내식물은 염소, 화재, 혹은 경작으로 인해 이제는 사라져버린 풍경들의 메아리를 전달한다.

역사적으로 봤을 때, 새로운 식물군이 발견되면 일부 원예가들은 야생 표본을 손에 넣고 싶어하고 그 야생 개체군은 상업적 채집가들의 약탈 대상이 된다. 19~20세기에 난초와 다육식물을 상업적으로 채집하던 사람들은 돈을 벌기 위해 물불 가리지 않았다. 그들은 살인 협박, 폭력, 속임수와 거짓말, 화물 파손, 심지어 상품 가격을 끌어올리기 위

'크리스마스 선인장'이라고도 불리는 착생 선인장 스클룸베르게라(Schlumbergera)의 원산지는 브라질 리우데자네이루의 사라져가고 있는 산악지대 숲이다.

한 야생종 파괴를 일삼았다. 수많은 채집 식물은 배를 통해 유럽과 미국 시장으로 옮겨졌고, 그 과정에 죽음을 맞는 식물의 비율은 아주 높았다. 슬프게도, 어떤 사람들은 여전히 야생식물과 불법식물에 대해 프리미엄을 지불할 의사가 있을 것이다.[1] 긁히고 상처 난 야생식물에게서는 위험한 유혹이 느껴진다. 비록 상업적으로 번식시킨 식물이 훨씬 구하기도 쉽고 키우기도 편하긴 하지만.[2]

비교적 최근까지도 야생에서 채집된 여러 구근식물, 선인장, 다육식물, 식충식물, 파인애플과 식물이 미국과 유럽의 애호가 시장에서 거래되었다. 국제법으로서 '멸종위기종의 국제거래에 관한 협약(CITES)'의 도입은 이처럼 유해한 무역을 규제하고 바람직한 식물 원예 생산을 장려하는 데 아주 긍정적인 영향을 미쳤다.[3] 오늘날 설강화(Galanthus)처럼 인기 많은 정원식물의 거래는 거의 전적으로 재배식물을 중심으로 이루어진다. 상점에서 판매되는 절대 다수의 실내식물은 상업적으로 재배된 것이며 야생종의 약탈과는 무관하지만, 다육식물처럼 값비싼 식물의 경우 야생에서 채집된 상품이 아닌지 늘 확인하는 것이 좋다.

인기 많은 실내식물 중 다수는 '생물다양성 핫스폿'이라 알려진 지역에서 온 것이다. 이곳은 높은 수준의 독창성(고유성)과 높은 수준의 서식지 파괴로 특징지어지는, 지구상의 몇 안 되는 마법 같은 지역들을 의미한다.[4] 예컨대, 브라질 남부의 대서양림 생물다양성 핫스폿은 자국의 글록시니아(Sinningiaspeciosa)와 크리스마스 선인장이 많이 자라는 곳이다. 아프리칸바이올렛도 적당한 예가 될 수 있다. 이 식물은 탄자니아와 케냐 사이에 위치한 이스턴아크 산지의 토착종인데, 이 산맥은 건조한 저지대 위에 우뚝 솟아 수많은 토착종 조류, 파충류, 포유류, 식물에게 피난처를 제공하는 생물다양성 핫스폿이다.[5] 야생 아프리칸바이올렛종을 최초로 연구한 분류학자 겸 식물학자는 영국 에딘버러 왕립식물원의 빌 버트(Bill Burtt)였다. 그는 비교적 적은 수의 표본실 식물들을 살펴본 끝에 총 20종을 파악하고 정리했다.[6] 그의 초기 작업 이후, 현장에서 채집한 식물들이 늘어나 훨씬 개선된 연구 데이터를 제공했고 이 식물의 자연변이와 생태에 대한 이해의 폭이 넓어졌다. 여기에 분자계통발생학(molecular phylogenetics)이 접목되었는데, 유전자를 이용해 식물군 진화의 지도를 그림으로써 아프리칸바이올렛의 생물학과 보존을 더욱 자세히 이해할 수 있게 되었다. 최근의 연구에서 6종의 야생종이 인정받았고, 추가로 2종의 야생종이 탄자니아의 울루구루산맥에서 확인되었다.[7]

재배종 아프리칸바이올렛의 야생 조상인 세인트폴리아 이오난사

야생종과 멸종위기종

심각한 멸종위기에 처한 야생종 아프리칸바이올렛 중 하나인 세인트폴리아 테이텐시스는 케냐 타이타힐스의 숲에 있는 좁은 땅에서만 자란다.

(Saintpaulia ionantha)는 지리적 분포와 고도 분포가 넓어서 지금 당장 멸종위기종은 아니지만 20세기 초부터 서식지가 상당히 감소했다. 이에 반해 근연종들은 훨씬 더 멸종에 가까워져 있다. 예컨대 세인트폴리아 테이텐시스(S. teitensis)는 케냐 남부 타이타힐스 산지에서만 서식하는데, 모든 야생종이 1제곱킬로미터도 안 되는 좁은 땅에서만 자란다.[8] 다른 근연종이자 탄자니아의 울루구루산맥에서 발견되는 세인트폴리아 울루구렌시스(S. ulugurensis)는 야생종 개체수가 30개 미만이며 5제곱미터에 불과한 단일 부지에서만 생존하는 것으로 알려져 있다.[9]

모든 야생종 세인트폴리아는 케냐와 탄자니아의 인구 급증과 새로운 농경지, 목재, 숯, 시멘트용 석회에 대한 수요 증가로 인한 서식지 감소로 멸종위기에 내몰리고 있다. 기후변화로 이 지역의 기온과 강우

실내식물의 문화사

량이 달라지면서 멸종의 궤적은 더욱 가속화될 것으로 예상된다.[10] 여기서 식물의 상업적 거래와 조상종 및 근연종과 관련된 야생의 생물다양성 보존의 상관관계에 대한 질문이 떠오른다. 거래 대상인 다른 관상식물들과 달리, 아프리칸바이올렛은 대대적이고 파괴적인 야생종 채집의 표적이 되지는 않았지만(중미의 기생식물 틸란드시아Tillandsia와 마다가스카르의 다육식물은 그런 피해를 입었다), 상업적 육종을 위해 야생종의 유전자가 활용되었다. 예컨대 세인트폴리아 그로테이(S. grotei, 현재는 세인트폴리아 이오난사의 아종으로 분류)는 포복식물 품종을 육종하기 위해 1950년대에 세인트폴리아 이오난사와의 교배를 통해 탄생했다.

　최근의 계통발생학적 연구에 따라 세인트폴리아속은 스트렙토카르푸스속의 일부임이 밝혀졌는데, 식물학적으로 표현하자면 세인트폴리아속은 스트렙토카르푸스속에 '흡수'된 것이다.[11] 다시 말해, '세인트폴리아'라는 이름은 '아프리칸바이올렛(African violet)'과 더불어 통속명 혹은 원예명으로 쓰여야 하고, 학명 관점에서 '세인트폴리아 이오난사'는 이제 '스트렙토카르푸스 이오난사(Streptocarpus ionanthus)'로 바뀌었다. 식물학적 정확성을 위해 역사를 포기하는 것은 어떤 면에서 서글픈 일이다. 더 심각한 문제는 활동가들이 환경보호 운동을 하면서 특산속(endemic genera)을 활용한다는 사실인데, 유전적 고유성과 제한된 지리적 범위가 더해지면 어떤 식물과 그 식물의 서식지 보호에 더 많은 힘이 실릴 수 있기 때문이다. 세인트폴리아는 위기에 처한 우삼바라산맥의 마법 같은 숲을 지키는 데 힘을 보탤 수 있는 사랑스럽고 강력한 상징이다. 하지만 스트렙토카르푸스로 이름이 바뀌면서 그러한 상징성은 아마도 약화되었을 것이다.

두 종류의 매력적인 실내식물은 예멘 연안의 신비로운 소코트라섬과 아프리카의 뿔 생물다양성 핫스폿의 일부 지역에서 파생되었다. 이 식물들은 140여 년 전, 신화에 나올 법한 섬에서 채집되었고 그 유전자들은 유럽과 북미의 원예용품점에서 잘 팔리는 여러 관상식물을 탄생시켰다. 첫번째 식물은 어여쁜 엑사쿰 아피네(Exacum affine), 일명 페르시안바이올렛이다. 이 식물은 1880년 당시 글래스고대학교의 식물학 흠정교수(Regius Professor)였고 나중에 에딘버러 왕립식물원의 관리자가 된 아이작 베일리 발포어(Isaac Bayley Balfour)에 의해 발견되었으며, 오늘날 실내식물로 인기를 끌고 있다.

동일한 탐험대가 발견한 두번째 식물인 베고니아 소코트라나(Begonia socotrana)는 겨울에 개화하는 베고니아 품종을 만들기 위해 훗날 이용되었다. 베고니아 소코트라나는 처음에는 심각한 멸종위기종으로 알려졌으나 최근 현장 조사를 통해 소코트라섬의 그늘진 북쪽 바위틈에서 비교적 많이 자란다는 것이 밝혀졌다.[12] 베고니아 소코트라나는 발포어에 의해 큐 왕립식물원으로 보내졌고 1880년 겨울에 개화했다. 이후에는 베이치 양묘장에 전달되었고, 베이치 양묘장은 1882년부터 이 식물을 유통하기 시작했다. 베이치 양묘장의 존 힐은 분홍색 꽃이 피는 이 식물의 가능성을 알아보고 멕시코 원산의 베고니아 인시그니스(B. insignis)와 최초로 교배해 '어텀 로즈(Autumn Rose)'라는 품종을 개발했고 이 품종은 1882년 꽃을 피웠다. 다음으로 탄생한—'존 힐(John Heal)'이라는 충분히 이해할 법한 이름이 붙은—품종은 베이치의 또다른 우수한 육종가 존 세든이 개발한 품종인 베고니아 '바이카운티스 도너레일'(B. 'Viscountess Doneraile')과의 교잡종이다.[13] 이러한 초기 이종교배는 엘라티오르베고니아(Begonia ×

'페르시안바이올렛'이라고도 알려진 엑사쿰 아피네, 건조한 소코트라섬에서 채집.

hiemalis)처럼 인기 있는 신품종 실내식물 탄생을 위한 초석을 닦았다.

　세상의 반대편에 위치한 또다른 열대 군도인 하와이제도는 비교적 최근에 실내식물의 만신전에 합류한 브리가미아 인시그니스 (Brighamia insignis)의 고향이다. 이 식물은 '알룰라(ālula)', '올룰루 ('ōlulu)', '푸아알라(pua ala)'라는 아름다운 하와이어 명칭을 가지고 있는가 하면, 서양 명칭은 다소 따분한 '화산 야자(volcano palm)' 혹은 '불카누스 야자(Vulcan palm)'이며 다분히 모욕적인 '막대 위의 양배추(cabbage on a stick)'라는 별명으로도 불린다.[14] 초롱꽃과에 속한 알룰라는 아주 멋지지만 누군가에게는 이상해 보일 수 있는 식물이다. 이 식물의 긴 줄기 끝에는 인정하건대 양배추를 닮은 왕관 모양의 잎들이 달려 있고, 그 위로 진한 향기를 가진 아름다운 연노랑 꽃이 핀다. 한때 카우아이섬과 니하우섬의 절벽과 급경사면에서 많이 자랐지

야생종과 멸종위기종

하와이 카우아이섬 북쪽 사면에서 발견된 최후의 야생종 브리가미아 인시그니스 중 하나.

만, 2012년 이후로는 야생에서 발견된 적이 없다. 다행히도, 이 식물과 종자는 카우아이섬의 국립열대식물원(NTBG) 소속 환경보호 운동가들에 의해 채집되어 성공적으로 재배되고 있다. 1980년대에 NTBG는 이 종자를 전 세계의 여러 식물원으로 보냈고, 이 식물은 마침내 실내 식물 시장에도 진입하게 되었다.[15] 선택된 품종인 '커스틴(Kirsten)'은

실내식물의 문화사

유럽 시장에서 판매되고 있다. 이 식물은 높이에 비해 비대칭적으로 두꺼운 멋진 줄기를 가지고 있지만, 점박이응애가 많이 꼬이는 식물로도 유명하다.[16]

점점 커지는 사탕수수 밭에 밀려 하와이의 토착종들이 고지대의 피난처로 내몰리는 가운데, 일군의 열대 원예가들은 열대 설탕 섬들(sugar islands, 사탕수수를 많이 재배하는 섬—옮긴이)의 강력한 상징인 히비스커스(Hibiscus)를 교배했다. 열대 정원의 관목이었던 히비스커스 로사시넨시스(Hibiscus rosa-sinensis)는 오늘날 인기 있는 실내식물로, 아주 독특하고도 불분명한 재배 역사를 지니고 있다. 원래의 종은 유럽과 접촉하기 이전에 아시아와 폴리네시아로 넓게 퍼졌고, 그 근원은 아직 파악되지 않았으나 고대부터 오랜 교배의 역사를 거쳐 재배화를 마친 종일지도 모른다.[17]

스리랑카, 피지, 모리셔스 같은 다른 설탕 섬의 동료들과 마찬가지로, 초기 하와이 육종가들은 심각한 멸종위기에 처한 신비로운 히비스커스 종들을 교배해 오늘날까지 존재하는 관상용 교잡종들을 개발했다. 정원 가꾸기에 대한 그들의 열정과 식물원 및 농업연구소 네트워크가 더해져 열대 히비스커스 육종을 위한 특별한 기회가 마련되었다. 일찍이 1820년대 초, 당시 모리셔스에 거주중이던 아일랜드 식물학자 찰스 텔페어(Charles Telfair)는 히비스커스 로사시넨시스와 마스카렌제도의 토종 히비스커스를 교배했고, 그렇게 완성된 교잡종을 영국에 있는 로버트 바클레이(Robert Barclay)의 양묘장으로 보냈다. 하와이에서의 히비스커스 교배 역사는 1870년대로 거슬러올라가는데, 당시 하와이 총독이었던 아치볼드 스콧 클레그헌(Archibald Scott Cleghorn)은 12개의 신품종을 개발했다. 다른 육종가이자 하와이 외무부장관

(1890~1891)이었던 존 애덤스 쿠아키니 커민스(John Adams Kuakini Cummins)는 태평양 원산의 히비스커스 코오페리(H. cooperi)와 아프리카 원산의 히비스커스 스키조페탈루스(H. schizopetalus)를 교배했다. 하지만 하와이 내에서 육종이 제대로 활기를 띠기 시작한 것은 플랜테이션 계급의 출현 이후였다. 그들은 정치적으로 잘 연결되어 있는 여러 부유한 가문들로, 원예와 자연사에 대해 남다른 애정을 가지고 있었다. 20세기 초부터 그들은 히비스커스 로사시넨시스를 아름다운 히비스커스 와이메아이(H. waimeae)를 비롯한 여러 하와이 토종 히비스커스는 물론 근연종과 교배하기 시작했다. 이러한 근연종으로는 동아프리카 원산의 히비스커스 스키조페탈루스, 마스카렌제도 원산의 히비스커스 보리아누스(H. boryanus)와 히비스커스 릴리플로루스(H. liliiflorus), 남태평양 원산이자 새롭게 발견된 히비스커스 마쿠에리이(H. macverryi, 당시에는 '미시즈 해싱어Mrs Hassinger'로 알려짐)와 신비로운 히비스커스 코오페리가 있다.[18] 초기 육종 프로그램에 사용된 히비스커스 릴리플로루스는 모리셔스의 아주 작은 로드리게스섬의 토착종으로, 한때는 야생 개체수가 세 개까지 줄어들기도 했으나 모리셔스 야생생물재단의 보존 노력 덕분에 멸종위기를 면했다. 붉은 꽃이 피는 이 아름다운 식물은 큰박쥐(fruit bat)에 의해 수분이 되는 유일한 히비스커스 종으로 알려져 있다.

피지에서 최근에 진행된 현장 연구는 히비스커스 로사시넨시스와 더불어 육종에 사용된 일부 야생종들의 정체를 밝히는 데 일조했다.[19] 1860년 새로운 히비스커스 종인 히비스커스 스토르키(H. storckii)가 피지에서 발견되었지만, 그것은 2016년 이전까지 다시 발견되지 않았다. 렉스 톰슨(Lex Thomson)은 이 종을 다시 찾기 위한 탐험에서 세 개

실내식물의 문화사

육종에 쓰이는 브리가미아 인시그니스 '떼', 하와이 국립열대식물원.

의 새로운 토착종—히비스커스 벤네티(H. bennettii), 히비스커스 브라
글리아이(H. bragliae), 히비스커스 마쿠에리이—을 발견했으며 이들
은 모두 심각한 멸종위기에 처해 있었다. 히비스커스 스토르키가 히비
스커스 육종에 기여했다는 증거는 발견되지 않았지만, 피지에서 '새롭
게' 발견된 세 개의 종이 다양한 이름으로 하와이와 플로리다에서 유
통되고 육종의 재료로 쓰였다는 사실이 밝혀졌다. 세계에서 가장 심각
한 멸종위기에 처한 식물들 중 일부의 유전자는 우리의 온실과 정원에

야생종과 멸종위기종

아프리카 동부 연안의 몇몇 지역에 자생하는 히비스커스 스키조페탈루스는 정원 히비스커스의 탄생에 기여한 야생종 중 하나이다. 〈커티스 보태니컬 매거진〉 삽화, 제106권(1880).

열대 정원 히비스커스. 세계에서 가장 희귀한 몇몇 식물들의 유전자가 섞여 있는 복잡한 인공 교잡종.

서 자라는 열대 히비스커스의 탄생에 기여한 셈이다.

역사적으로 다육식물은 원예 무역을 위한 무분별한 채집으로 큰 타격을 입었다. 모든 선인장 종의 30퍼센트가량이 멸종위기에 처해 있고, 이중 절반은 원예 무역과 불법 채집으로 위협받는다.[20] 하지만 상업적으로 거래되는 선인장 씨앗에 대한 최근 분석에 따르면, 아주 적

야생종과 멸종위기종

심각한 멸종위기에 처한 히비스커스 릴리플로루스는 인도양 로드리게스섬의 토착종이다.

은 비율만이 야생에서 기원했다는 사실이 밝혀졌다.[21] 멕시코 원산의
금호선인장(Echinocactus grusonii)은 재배를 통해 널리 퍼졌고, 흔하지
만 북부 기후에서는 수명이 짧은 실내식물이다. 하지만 금호선인장은
지구상에서 가장 심각한 멸종위기에 처한 선인장 중 하나이다. 금호선
인장의 야생 개체군이 발견되는 지역은 딱 두 곳이다. 하나는 멕시코
케레타로의 야생 개체군인데, 불법 채집과 댐 건설로 인한 서식지 축
소로 심각한 피해를 입었다. 또다른 하나는 조금 더 큰 규모를 자랑하
며 더 늦게 발견된 사카테카스의 야생 개체군이다.[22] 멕시코 식물학자
들은 케레타로의 금호선인장과 다육식물들을 살리기 위해 대대적인
구조 작전을 펼쳤다. 금호선인장을 비롯하여 총 4만 8,000종의 다육식
물이 수몰 예정지가 아닌 안전한 곳으로 옮겨졌고, 멕시코 전역의 식
물원으로 이송되어 육종 개체군으로 쓰였다.[23]

실내식물의 문화사

피지의 히비스커스 마쿠에리이는 비록 최근에 야생에서 발견되었지만, 재배종 히비스커스의 육종에 기여했다.

실내식물로 인기 있는 또다른 멕시코 원산의 다육식물은 '포니테일 야자'라고도 불리는 덕구리란(Beaucarnea recurvata)이다. 이 식물은 테우아칸 계곡의 반건조 지역에서만 자생한다. 그곳의 덕구리란은 높이 10미터에 줄기가 여러 개인 거대한 다육식물이지만, 실내식물로서의 덕구리란은 가냘프고 종종 가루깍지벌레의 습격을 받는 1~2미터 높이의 다육식물이다. 이 종은 카나리아제도, 캘리포니아, 태국의 여러 양묘장에서 대규모로 번식된다. 덕구리란은 멕시코의 야생에서 멸종에 임박했으며, 국제자연보전연맹(IUCN)의 종(種)생존위원회가 지정한 절멸위급종(Critically Endangered)이다.[24] 불법 채집, 도시 팽창, 식물이 서식하는 건조한 관목지에서의 과도한 가축 방목으로 인해 야생 개체수가 80퍼센트 이상 급감했다. 채집된 야생식물들은 멕시코는 물론

야생종과 멸종위기종

금호선인장. 야생에서는 심각한 멸종위기에 처해 있으나 관상식물로 널리 재배된다.

심각한 멸종위기에 처한 금호선인장의 상업적 번식.

해외의 상업 양묘장에서 길러진다. 하지만 원예 생산의 대단한 규모와 효율성을 고려할 때, 오늘날 멕시코 밖에서 실내식물로 거래되는 표본들은 합법적으로 양묘장에서 재배된 개체일 가능성이 높다.

아프리카 남부의 케이프 생물다양성 핫스폿은 지구상에서 가장 장관인 식물 군집을 자랑하는 곳으로 손꼽힌다. 9만 제곱킬로미터에 해당하는 이 핫스폿 안에 대략 9,000종의 식물이 서식하는데, 그중 70퍼센트는 토착종이며 이는 아프리카의 전체 식물종 중에서 무려 25퍼센트를 차지한다. 그중 펠라르고늄, 프리지어, 스트렙토카르푸스, 접란, 군자란, 케이프 히스를 비롯한 많은 종이 사랑받는 실내식물이 되었다. 19세기 초, 케이프 히스에 대한 원예계의 뜨거운 열정이 식고 다른 인기 식물들이 떠오르기 시작하자 식물원, 상업 양묘장, 개인의 케이프 히스 컬렉션은 급감했다. 겨울에 꽃을 피우는 에리카 그라킬리스(Erica gracilis)를 비롯해 몇몇 종만 명맥을 유지하며 영국의 양묘장에서 이따금씩 발견되었다. 그렇게 생존한 것 중 하나가 에리카 베르티킬라타(E. verticillata)이다. 영국의 양묘장에서 재배되기 시작한 이후, 이 식물은 20세기 중반에 야생에서는 멸종한 것으로 짐작된다. 이 식물은 '살아 있으나 죽은(living dead)' 상태를 가까스로 면했다. 이것은 식물원들이 현재 야생에서 멸종한 마지막 개체들을 보유하고 있으나 이 개체들을 다시 야생으로 돌려보내는 것이 거의 불가능한 상태를 말한다. '살아 있으나 죽은' 식물의 대표적인 사례는 칠레 남태평양 라파누이의 소포라 토로미로(Sophora toromiro), 하와이의 코키아 쿠케이(Kokia cookei), 남아프리카의 귀한 소철 엔케팔라르토스 우디(Encephalartos woodii)가 있다. 이 소철은 현재 단 하나의 수나무 클론으로만 존재한다.[25]

일명 '케이프 히스'로 알려진 에리카(Erica)는 케이프 식물군 중에서 아주 화려한 요소이다. 전세계 840종의 에리카 중에서 680종이 이

멕시코 원산의 성숙한 덕구리란, 마이애미.

곳의 토착종이다. 커다란 꽃, 화려한 색깔, 겨울 개화 습성을 가진 에리카는 원예 역사에서 아주 짧고 기이한 열풍의 시기에 집중적으로 주목받았다.[26] 1787년부터 1795년까지 큐 왕립식물원은 채집가 프랜시스 마송(Francis Masson)으로부터 86종의 에리카 씨앗을 전달받았다. 이목록은 새로운 종이 소개되면서 늘어났고 18세기 말에는 150여 종의 에리카가 재배되었다. 유럽은 바야흐로 '케이프 히스 열풍(Cape Heath Fever)'에 휩싸였다. 1826년 무렵 스코틀랜드 식물 수집가이자 에딘버러대학교 그리스어 교수인 조지 던바(George Dunbar)는 자신의 온실에 344종의 에리카를 키웠다. 이 분야의 명실상부한 권위자는 에딘버러 왕립식물원 소속이자 『케이프 히스의 번식, 재배, 일반 관리에 대한 논문A Treatise on the Propagation, Cultivation and General Treatment of Cape Heaths』(1832)의 저자인 윌리엄 맥냅(William McNab)이었다.

신규 종이 유입되면서 원예가들은 새로운 교잡종을 육성하기 시작했다. 유럽의 유리온실과 양묘장에서는 수많은 새로운 종과 교잡종이 혼란스럽게 뒤섞였고, 그중 상당수는 분명 잘못된 이름표를 달고 있었을 것이다. 다른 열풍과 마찬가지로, 이 열기도 순식간에 식었다. 겨울에 잘 썩는다는 단점과 더불어, 케이프 구근식물 같은 새로운 식물이 유행하기 시작하면서 에리카 컬렉션 중 상당수는 폐기되었다. 조지프 후커는 1874년 "현존하는 최고의 에리카 컬렉션은 한때 찬란했던 워번, 에딘버러, 글래스고, 큐 컬렉션의 유령에 불과하다"라고 평했다.

하지만 몇몇 에리카 베르티킬라타는 살아남아 계속 재배되었다. 1786년 오스트리아 황제 요제프 2세는 왕립식물원의 식물을 채집하기 위해 두 명의 원예가, 프란츠 부스(Franz Boos)와 게오르크 숄(Georg Scholl)을 열대지방으로 파견했다. 1787년 부스가 최초의 화물과 함께 돌아왔는데, 여기에는 식물이 담긴 상자 10개, 살아 있는 얼룩말 2마리, 원숭이 11마리, 새 250마리가 포함되어 있었다. 숄은 남아프리카에서 14년을 더 머물며 에리카 베르티킬라타의 씨앗을 비롯해 여러식물과 그 종자를 오스트리아로 보냈다. 그렇게 도착한 식물은 유럽내 에리카 컬렉션의 인기가 식은 이후에도 살아남았고, 무엇보다 2차세계대전을 무사히 견디고 살아남았다. 두 번의 세계대전은 유럽 식물컬렉션에 재앙과도 같았다. 원예 담당 직원들은 참전을 위해 떠났고많은 이들이 무사히 귀환하지 못했다. 석탄 부족으로 유리온실 난방이중단되었고, 식량 생산을 위해 정원을 갈아엎었다. 일부 컬렉션은 폭격을 맞아 화염에 휩싸이고 식량을 찾는 사람들에게 습격당하고 약탈당했다. 하지만 전쟁으로 폐허가 된 빈의 극심한 궁핍함에도 불구하고, 에리카 베르티킬라타는 기적처럼 살아남았다.

남아공 원예가 디온 코체(Deon Kotze)는 1980년대에 에리카 베르티킬라타를 탐색하기 시작했다. 이 여정은 남아프리카 현지의 핀보스(fynbos, '부드러운 관목fine bush'을 뜻하는 네덜란드어에서 유래한 단어로, 남아프리카 케이프 지역의 특징적인 식생과 식생대를 지칭한다—옮긴이)와 정원에서 출발해 유럽의 양묘장과 유리온실로 확대되었다. 처음에 코체는남아프리카를 수색하다가 프리토리아의 프로테아 파크(Protea Park)에서 재배중인 식물을 발견했다. 그는 총 세 개의 오리지널 개체군 중 마지막으로 살아남은 식물의 꺾꽂이묘를 수집했다. 이 클론에는 '아프리칸 피닉스(African Phoenix)'라는 이름이 붙었다. 큐 왕립식물원에서도하나의 식물이 발견되었으며 이것은 불임잡종(sterile hybrid)으로 확인되었다. 아도니스 아도니스(Adonis Adonis)는 원예 전문가의 남다른 눈썰미와 직관으로 커스텐보쉬 식물원(Kirstenbosch Garden) 가장자리의 공터에서 자라는 에리카 베르티킬라타를 발견했다. 오래된 에리카 컬렉션에서 살아남은 식물로, 어쩌면 70여 년 전 처음 만들어진 컬렉션에서 파생된 묘목일지도 몰랐다. 이 식물로부터 두 개의 클론이 만들어졌는데, 하나는 재발견한 인물을 기리기 위해 '아도니스(Adonis)', 나머지 하나는 1917년의 최초 채집자를 기리기 위해 '루이자 볼러스(Louisa Bolus)'라고 명명되었다.

이 수색 기간 동안, 에리카 전문가인 에드워드 조지 허드슨 올리버(Edward George Hudson Oliver) 박사는 오스트리아 쇤브룬궁전 컬렉션에서 이 식물을 봤던 것을 기억해냈다. 이 식물은 곧 남아프리카로 송환되었고, 네번째 클론인 '벨베데레(Belvedere)'가 창시자 개체군(founder population)에 추가되었다. 이 식물은 부스와 숄의 오리지널 컬렉션이 완성된 이후 빈에서 계속 자랐고 2차세계대전의 재앙 같은 폭격과 연료 부족을 견디고 살아남은 것이다. 추가적으로 미국(캘리포니아 몬로비아의 양묘장)과 영국(실리제도의 트레스코 수도원 정원)에서도 에리카 베르티킬라타가 발견되었다. 총 여덟 개의 클론이 이 종의 부활을 위한 창시자 개체군으로 선정되어 케이프타운의 커스텐보쉬 국립식물원에서 재배되었다.

최초의 실험적인 재도입은 1994년 테이블마운틴 국립공원 내의 모래 평지 핀보스 지역인 론데블레이 자연보호구역(Rondevlei Nature Reserve)에서 시도되었다. 이 실험은 이 종을 위한 최적의 서식지를 파악하고 꽃가루 매개충이 야생에 존재한다는 사실을 확인하는 데 도움이 되었다. 이후 이 식물의 종자는 야생에서 길러졌고, 그렇게 완성된 모종은 인근의 보텀로드 보호구역(Bottom Road Sanctuary)에 식재되었다. 표본들은 2005년 케이프타운 케닐워드 레이스코스 보호관리지구

HEACOCK'S KENTIAS

Joseph Heacock Company
WYNCOTE, PENNSYLVANIA

One of the Palm Houses at Wyncote—Hundreds of "Palms that Please"

히콕(Heacock)의 켄차야자 카탈로그. 펜실베이니아 웨인코트에서 재배되었고 종자는 호주 로드하우섬에서 들여온 것으로 짐작된다, 1912~1913.

(Kenilworth Racecourse)에도 심어졌고 이후 그곳에 모종들이 자라났다. 추가적인 식재 덕분에 토카이 핀보스 보호구역(Tokai sand-plain

실내식물의 문화사

fynbos reserve)에도 개체군이 자리를 잡았다.[27]

빅토리아시대에는 몇몇 튼튼한 식물종만이 탁한 실내 공기를 견디고 살아남을 수 있었는데, 엽란이 그런 강인한 생존자에 해당한다. 다른 생존자로는 남태평양 로드하우섬 원산의 넓은잎켄차야자(Howea forsteriana)가 있다. 포경산업이 붕괴된 이후인 1880년대부터 켄차야자 종자는 북부의 양묘장 및 실내식물 무역을 겨냥한 중요한 수출 품목으로 부상했다. 켄차야자는 빅토리아시대 응접실이나 온실의 서늘한 온도에 적응을 마친 상태였고, 탁한 공기와 낮은 조도를 견딜 수 있었으며, 양묘장에서 대량생산이 가능할 만큼 충분한 양의 종자를 공급할 수 있었다. "켄차야자만큼 쉽게 자라고 끈질긴 생명력을 가진 식물은 없다. 이 식물은 먼지와 가정에서 빈번히 발생하는 외부 충격, 열린 창문으로 들어오는 냉기, 화로와 가스로부터 발생하는 인위적인 열기를 모두 잘 견딘다."[28]

켄차야자는 수많은 호텔, 리조트, (타이타닉호를 비롯한) 호화 여객선의 실내를 장식했고, 빅토리아시대의 뻣뻣하고 웃음기 없는 수많은 가족사진의 배경 장식으로 쓰였다.[29] 로드하우섬에 켄차야자 양묘장이 설립된 1906년 이후로 종자의 수확은 상업적으로 관리되고 있다. 1980년대까지는 종자만 수출되었지만, 이후로는 묘목도 함께 팔리고 있다. 종자는 야생식물과 채종원(종자의 생산만을 목적으로 하는 수목원―옮긴이)으로부터 채취되고 뿌리가 드러난 묘목 상태로 선박으로 운송되며 수익금은 섬의 자연환경 보전에 쓰인다. 로드하우섬은 연간 대략 37만 5,000개의 묘목을 수출하지만, 1928년에는 1억 366만 6,500개의 종자가 수확되어 유럽과 미국대륙으로 수출되었다. 이 섬의 양묘장은 남아공, 스리랑카, 캘리포니아의 양묘업체들과 점점 더 치열한 경

선녀무(Kalanchoe beharensis), 품종은 '팡(Fang)'. 야생종은 현재 사라질 위기에 처한 마다가스카르의 건조한 숲에서 자란다.

쟁을 벌이고 있다.[30]

　전통적으로 실내식물 무역은 야생식물을 재배의 영역으로 끌어들인다. 하지만 현재 우리는 이러한 흐름의 역전을 목격하고 있다. 때로는 실내식물이 베란다와 가정을 탈출해 그 식물의 자연적 유래와는 동

실내식물의 문화사

떨어진 곳에 정착하기도 하는데, 그중 일부는 심각한 생태적 피해를 유발할 가능성이 있다. 남아프리카 일부 지역과 하와이에서는 마다가스카르 원산의 칼랑코에(Kalanchoe) 교잡종이 문제를 일으키고 있다. 다른 곳에서는 다양한 열대 자주달개비가 새로운 서식지를 점령해가고 있다. 실내식물의 야생화(化)를 가장 극적으로 보여주는 사례는 〈레이더스Raiders of the Lost Ark〉와 〈쥐라기 공원Jurassic Park〉 같은 영화에 나오는 '정글 같은(jungly)' 배경일지도 모른다. 바로 하와이의 저지대를 덮고 있는 기묘하고 인공적인 숲 말이다.

이것은 '새로운(novel)' 숲이라고 불리는데, 원래의 숲은 거의 대부분 사라지고 외래유입종들이 정착해 기이하게 어우러져 새로운 생태계가 만들어지고 있는 곳을 의미한다. 이곳의 식생은 정글을 닮았으며 우리가 흔히 떠올리는 열대우림의 복사판이지만, 생물학적으로는 불모의 상태에 가깝다. 하와이의 오래된 숲들을 규정하던 일련의 복잡한 생태적 과정이 제거된 상태인 것이다. 이처럼 새로운 숲들이 시간이 흐르면서 어떻게 변해갈지는 아직 미지수다. 더 많은 토착종이 살아남을 수 있기를 바라지만, 한 가지 확실한 것은 열대의 상징이자 전 세계에서 실내식물로 사랑받는 커다란 잎의 천남성과 덩굴식물이 이곳에서 영구적인 귀화식물로 자리잡았다는 것이다. 유순한 정글(benign jungle)에 대한 우리의 꿈은 하와이에서 현실이 되었다. 그곳의 삼림과 야자숲은 스킨답서스, 에피프레넘 피나텀(Epipremnum pinnatum), 몬스테라, 필로덴드론의 덩굴로 덮여 있다.

최전선에서 일하는 환경보호 활동가들에게는 상업적인 실내식물 생산에 투입되는 자원이 아찔하고 다소 잔인해 보일 것이다. 그건 정말이지 너무도 다른 두 개의 세상이다. 환경보호의 최전선은 보통 농업과 숲 수확 등의 경쟁 산업으로부터 생물종을 구하기 위해 고군분투하면서 말도 안 되게 적은 예산만을 배정받는다. 반면 실내식물의 세계는 이국적 신품종을 위해서라면 돈을 아끼지 않는 부유한 시장에 의해 자유재량으로 움직인다. 야생종 아프리칸바이올렛은 몇십 년 안에 고지대의 피난처에서 완전히 멸종할 위기에 처해 있지만, 재배종 아프리칸바이올렛은 인간에게 생존을 내맡긴 채 북반구의 가정에서 정성스럽게 길러질 것이란 현실을 받아들이기는 쉽지 않다.

우리는 집안의 창턱이나 상업 양묘장에서 길러지는 식물들을 이용해 멸종위기에 처한 식물의 야생 개체군을 재건할 수 없다. 대부분의 실내식물은 클론 형태 혹은 무성생식을 통해 번식되므로, 특정 종이나 품종의 모든 식물이 유전적으로 동일할 수 있고 과도한 선별을 거친 탓에 야생에서의 생존이 불가능할 가능성이 높다. 하지만 실내식물이 환경보전에 강력한 역할을 할 수 있는 간접적인 경로가 있다. 우리는 실내식물을 사랑하고 그것은 야생의 생물다양성과의 직접적인 연결고리이다. 아프리칸바이올렛은 탄자니아와 케냐의 숲을 위한 사절이자 기함이다. 하지만 우리는 이런 감정적 연결고리를 이제껏 제대로 활용했던 적이 없다. 이 종과 이 종의 서식지를 보존하는 노력에 힘을 보태기 위해서라도, 이제는 아프리칸바이올렛의 판매 가격에 보존 관세를 매겨야 할 때가 아닐까?

새로운 세계들

공상과학 영화 〈사일런트 러닝Silent Running〉(1972)에서 외로운 식물학자 프리먼 로웰(Freeman Lowell)은 지구에서 구조한 마지막—그리고 죽음을 맞을 운명인—식물 견본들을 돌본다. 이 사라진 세계의 조각들은 너무도 익숙한 몬스테라를 비롯해 커다란 잎을 가진 열대식물들로, 리처드 버크민스터 풀러(Richard Buckminster Fuller)의 돔처럼 생긴 우주선 안에서 자란다. 실내식물들로 장식된—종종 〈사일런트 러너〉에 나온 식물들도 포함된—선반도 사라진 세계에 대해 증언한다. 아프리칸바이올렛이 처음 채집될 당시의 세상은 영원히 사라졌다. 발터 폰 자인트 파울일라이레가 우삼바라산맥에서 채집한 씨앗을 독일의 아버지에게 보냈던 1890년대에 세계 인구는 16억 명에 불과했으나 지금은 80억 명에 육박한다.[1] 같은 기간에 대기 중 이산화탄소 농도는 294ppm에서 415ppm가량으로 증가했다.[2] 지난 130년 동안, 탄자니아 산지의 무성하던 숲은 잘게 조각난 형태로 줄어들었고 멸종 과정은 꾸준히 가속화되고 있다.

실내식물은 우리 가정생활의 영구적인 한 부분으로 자리잡았다. 그것은 다양한 종으로 구성된 각 가정의 일부이며, 각 세대의 육종가들은 시장의 꾸준한 취향 변화에 발맞추어 식물을 변형시킨다. 실내식물은 과거 그 어느 때보다 웰빙의 기반으로 단단히 자리잡았는지도 모른다. 그것은 우리 삶을 풍요롭게 하며 도시 생활의 문화 및 물질대사에 깊이 관여하는 공생적 유기체이다. 또한 그것은 사회가 여러 글로벌 과제에 대응하는 방식을 간접적으로 보여주는 상징이자 토템이기도 하다.

현재까지 식량은 유전자변형생물체(GMO)와 합성생물학 전반에 대한 의견의 감정적, 윤리적 시험대 역할을 해왔다.[3] 미래의 시험은 우리가 유전자변형 실내식물을 우리의 집에 기꺼이 들일 것인지 여부가 될 것이다. 유전자변형 실내식물은 이미 생산되고 있지만, 현재까지는 반대 여론이 많다. 이러한 기술을 위한 도구는 점차 늘어나고 비용은 줄어들고 있으므로, 식물 육종가들은 이런 기회에 더욱 강한 유혹을 느끼게 될 것이다. 이처럼 강력한 기술은 이전의 기술 혁신과 마찬가지로 위험을 수반할 것이 분명하고, 기발하지만 조악한 식물의 탄생으로 이어질 것이다(어둠 속에서 발광하는 물고기인 글로피시GloFish는 이미 미국 내 애완동물 상점에서 판매되고 있다). 하지만 이는 동시에 실용주의적 관점에서 기회의 문을 열어줄 것이다. 예컨대 유전자변형을 통해 실내식물의 독성 오염물질 흡수 능력을 향상시킬 수 있을 것이다.[4]

실내식물 무역의 탄소 비용은 결코 지속가능하지 않다. 현재의 실내

야생종 아프리칸바이올렛이 1900년대 초에 최초로 채집되었던 탄자니아 우삼바라산맥.

식물 생산은 값싼 플라스틱, 값싼 노동력, 값싼 운송수단―아시아, 유럽, 북미의 재배자와 시장을 연결하는 온도 제어 트럭, 항공화물과 컨테이너선의 글로벌 네트워크―이라는 화석연료 기반의 경제에 의존한다. 식물 생산은 과거에는 한 지역의 단일 양묘장에서 모종이나 꺾꽂이묘를 시장 판매 가능한 상품으로 키우는 방식으로 이루어졌지만, 이제는 값싼 노동력과 따뜻한 생육환경을 따라 이동하는 글로벌 생산 시스템으로 대체되었다. 세계화의 경제적 기회를 지속가능성, 형평성, 그리고 무엇보다 생산 분야의 탄소 배출 허용량에 맞춰 시급히 조정해야 할 필요성이 느껴진다.

한 가지 중요한 주제는 생육배지(growing medium)인데, 더 구체적으로 말하자면 상업적 식물 생산 과정에서 이탄(peat)에 대한 의존성이다. 영국에서는 거의 300만 세제곱미터의 이탄이 원예용으로 판매

새로운 세계들

재배화된 식물의 수모. 이동중인 고무나무, 빈, 1954, 사진, 프란츠 후프만(Franz Hubmann).

되며 이것은 실내식물을 비롯한 여러 식물을 용기에 재배할 때 사용된다.[5] 이탄은 매우 귀중한 천연자산인 이탄지에서 채굴된다. 이탄지는 다양한 생물종의 생존을 돕는 것은 물론, 거대한 스펀지 역할을 함으로써 홍수 위험으로부터 지역사회를 보호한다. 또한 수세기에 걸쳐 축

실내식물의 문화사

INDIA-RUBBER PLANT
(FICUS ELASTICA)

인기 있는 실내식물이자 한때 고무 수액 채취용으로 쓰였던 인도고무나무. 삽화, 에드워드 스텝 (Edward Step), 『정원과 온실의 가장 좋은 꽃들*Favourite Flowers of Garden and Greenhouse*』, 제3권 (1897).

적된 엄청난 양의 탄소는 이탄지가 채굴될 때 다시 공기 중으로 배출되는데, 이로 인해 현재 진행중인 기후 위기가 가속화된다. 현재 이탄

새로운 세계들

인도 메갈라야에 있는 자연 상태의 인도고무나무는 거대한 교목으로, 그 뿌리가 서로 얽혀 다리 형태를 이룬다.

의 대체재를 찾기 위한 경쟁이 치열해지고 있고, 연구단체들은 농장에서 얻은 처리된 분뇨, 야자섬유, 바이오 숯(bio-char), 버미콤포스트(vermi-compost, 지렁이를 통해 음식물쓰레기를 퇴비화한 것―옮긴이)에 특히 주목한다. 가까운 미래에는 원예용 이탄이라는 개념 자체가 결코 용납할 수 없는 시대착오적 발상으로 여겨질 것이다.

실내식물의 계통발생적 정의도 변화를 겪을 것이다. 계통발생적 영역 내에서 조류와 이끼류는 인테리어 장식이나 건물 외벽의 살아 숨쉬는 막으로서 점점 더 많이 활용될 것이다. 살아 있는 균류도 역동적인 생명의 전시물이자 어쩌면 장식적인 효과까지 갖춘 가정용 쓰레기 처리기로 판매될 것이다.

무엇보다 중요한 점은, 눈부시게 찬란하든 누렇게 시들었든 간에 각각의 실내식물은 빠르게 사라지고 있는 경이로운 야생 세계를 위한 특

실내식물의 문화사

사가 되리라는 것이다. 인도 북동부에서 인도고무나무의 살아 있는 기근들이 계곡을 가로지르는 다리처럼 얽혀 있는 세계, 건조한 아프리카 관목지대에서 검은 코뿔소가 산세비에리아의 다육질 잎을 찾아다니는 세계, 열대 나비들이 군자란의 꽃가루를 옮겨주는 세계, 디펜바키아 화분이 아마존 지역 가정들의 액운을 막아주는 그런 세계 말이다.[6]

새로운 세계들

타임라인

기원전 1500년	파라오 하트셉수트가 고대 이집트에서 푼트의 땅(아마도 소말리랜드)으로 식물채집 원정대를 파견한다.
기원후 1608년	휴 플랫 경이 정원 지침서 『식물 낙원』을 출간한다.
1630년대	존 트러데스컨트 1세가 펠라르고늄 트리스테를 재배하면서 영국인들의 '제라늄' 사랑이 시작된다.
1646년	식물학자이자 잎이 커다란 천남성과 식물의 초창기 애호가였던 샤를 플뤼미에가 태어난다.
1720년	토머스 페어차일드가 자신이 개발한 '노새'라는 이름의 교잡종을 영국 왕립학회에 선보인다.
1722년	토머스 페어차일드가 『도시 정원사』를 출간한다.
1755~1817년	니콜라우스 조셉 폰 자킨이 오스트리아 빈에서 천남성과 식물 유산의 토대를 마련한다.
1767년	필리베르 코메르송이 브라질에서 최초의 칼라디움

을 채집한다.

1799년	요크셔의 아서 존슨이 최초의 히페아스트룸 교잡종을 개발한다.
1815년	글록시니아가 브라질의 야생에서 채집된다.
1828년	조엘 로버츠 포인세트가 멕시코에서 포인세티아를 발견한다.
1829년	너새니얼 워드가 밀폐된 유리상자 안에서 양치식물의 싹이 트는 것을 발견한다.
1833년	워디언 케이스에 담긴 식물들이 영국에서 호주로 옮겨지는 실험이 진행된다.
1840년대	프레데릭 리브만과 유제프 바르셰비치 리테르 보 라비치가 몬스테라 재배를 시작한다.
1853년	세계 최초의 난초 교잡종 칼란테 × 도미니가 영국 베이치 양묘장에서 개발되어 1856년에 꽃을 피운다.
1880년	아이작 베일리 발포어가 소코트라섬에서 엑사쿰 아피네와 베고니아 소코트라나를 채집한다.
1891년	발터 폰 자인트 파울일라이레가 탄자니아에서 구한 아프리칸바이올렛 종자를 독일의 아버지에게 보낸다.

1893년	헨리 널링 박사가 시카고 세계박람회에서 브라질 원산의 칼라디움을 구입해 (오늘날 가치로 대략 1,200만 달러 규모인) 미국 칼라디움 산업의 기반을 닦는다.
1893~1894년	뉴욕의 조지 스텀프가 아프리칸바이올렛을 최초로 미국에 수입한다.
1894년	돌연변이 식물인 보스턴고사리를 매사추세츠 보스턴의 F. C. 베커가 발견한다.
1905년	오토 바그너가 빈 왕립 기차역의 대합실을 몬스테라 모티프로 장식한다.
1906년	로드하우섬 켄차야자 양묘장(Lord Howe Island Kentia Palm Nursery)이 설립된다.
1909년	노엘 베르나르와 한스 부르게프가 난초 씨앗은 공생 균류의 도움으로 발아한다는 사실을 발견한다.
1946년	최초의 아프리칸바이올렛 쇼가 조지아주 애틀랜타에서 개최된다.
1951년	영국에서 열린 페스티벌 오브 브리튼에서 현대 디자인의 일부로서 실내식물의 활용법이 소개된다.
1951년	액상형 실내식물 비료인 베이비바이오가 영국에서 출시된다.

1952년	'가정용 식물'이라는 용어가 토머스 로치포드에 의해 만들어진다.
1961년	D. G. 헤사이온 박사의 『실내식물 전문가가 되세요*Be Your Own House Plant Expert*』 초판이 발행된다.
1970년	롱우드식물원(펜실베이니아)과 미국 농무부가 뉴기니 원정대를 파견해 물봉선을 채집한다.
1973~1978년	호베르투 부를리 마르스가 브라질 토레스 구아리타 공원에서 열대 수직 정원 스타일을 개척한다.
1983년	최초의 유전자변형 작물인 담배가 몬산토에 의해 재배된다.
1989년	실내식물과 공기 질에 관한 미항공우주국의 연구가 발표된다.
1994년	재배중인 에리카 베르티킬라타를 수집하여 이 식물을 남아프리카의 야생에 재도입한다.
1998년	패트릭 블랑이 선구적인 열대 수직 정원 설치작품을 제노바에서 선보인다.
2009년	예술가 에두아르도 칵이 자신의 유전자를 이용하여 유전자변형 페튜니아(일명 '에두니아')를 창조한다.
2012년	브리가미아 인시그니스가 야생에서 마지막으로 목

실내식물의 문화사

격된다.

2014년	MIT 연구팀이 어둠 속에서 발광하는 표본을 비롯하여 '생체공학 식물(bionic plant)'을 연구한다.
2014년	미국 내에서 실내 및 베란다용 관엽식물의 판매가 7억 4,700만 달러를 기록한다.
2016년	히비스커스 스토르키가 1860년에 발견된 이후 156년 만에 피지에서 재발견된다.
2017년	대대적인 '유전자조작 페튜니아 대학살'을 통해 유럽 시장에서 불법적으로 유통되던 유전자조작 페튜니아가 대거 폐기된다.
2018년	바라코 + 라이트 아키텍츠가 베니스 비엔날레에서 호주의 초원을 재현한 실내 설치작품을 선보인다.
2019년	식물 사이보그인 플로라보그가 뉴저지 럿거스대학교의 복도를 돌아다닌다.
2019년	알렉산드라 데이지 긴스버그 박사가 멸종식물인 히비스카렐푸스의 향기를 부활시킨다.
2019년	영국 왕립원예협회가 향후 첼시 플라워쇼(Chelsea Flower Show)를 위한 실내식물 경쟁 클래스 도입을 발표한다.

2020년	테레폼이 제왕나방의 번식지 역할을 할 수 있는 뉴욕 오피스 빌딩을 설계한다.
2021년	에코로직 디자인 스튜디오가 베니스비엔날레에서 도시 생활 시스템의 일부로서 조류를 전시한다.
2050년	세계 인구의 약 70퍼센트가 도시에 거주하게 될 것이다.

참고문헌 목록

서론 실내 바이옴의 식물들

1 Hugh Findlay, *House Plants: Their Care and Culture* (New York, 1916), p. 1.

2 Edward O. Wilson, *The Diversity of Life* (Cambridge, ma, 1992), p. 350.

3 Mea Allan, Tom's Weeds: *The Story of the Rochfords and Their House Plants* (London, 1970), p. 125.

4 David Gerald Hessayon, *Be Your Own House Plant Expert* (London, 1961).

5 Xi Liu et al., 'Inside 50,000 Living Rooms: An Assessment of Global Residential Ornamentation Using Transfer Learning', epj *Data Science*, viii/4 (2019).

6 Harold Koopowitz, *Clivias* (Seattle, WA, 2002), p. 174.

7 Lisa Boone, 'They Don't Have Homes. They Don't Have Kids. Why Millennials Are Plant Addicts', www.latimes.com, 4 July 2018.

8 Dani Giannopoulos, 'Why Our Obsession with Indoor Plants Is More Important than Ever', www.domain.com.au, 7 April 2020.

9 Richard Mabey, *The Cabaret of Plants: Forty Thousand Years of Plant Life and the Human Imagination* (London, 2016).

10 Jack Goody, *The Culture of Flowers* (Cambridge, 1994).

11 Dani Nadel et al., 'Earliest Floral Grave Lining from 13,700−11,700-YOld Natufian Burials at Raqefet Cave, Mt Carmel, Israel', *Proceedings of the National Academy of Sciences*, cx/29 (2013), pp. 11,774−8.

12 Paul Pearce Creasman and Kei Yamamoto, 'The African Incense Trade and Its Impacts in Pharaonic Egypt', *African Archaeological Review*, xxxvi/3 (2019), pp. 347−65.

13 Judy Sund, *Exotica: A Fetish for the Foreign* (London, 2019), pp. 6−10.

14 Teresa McLean, *Medieval English Gardens* (London, 1981), p. 151.

15 Quoted in Catherine Horwood, *Potted History: The Story of Plants in the Home* (London, 2007), p. 7.

16 Celia Fiennes, *Through England on a Side Saddle in the Reign of William and Mary* (London, 1888), pp. 97−8.

17 Thomas Fairchild, *The City Gardener* (London, 1722).

18 2014 Census of Horticultural Specialities, www.nas.usda.gov, accessed 3 January 2020.

19 Chloe Blommerde, 'New Zealand's Most Expensive House Plant? $6,500 Hoya Breaks Trademe Record', www.i.stuff.co.nz, 16 June 2020.

20 Christopher Brickell and Fay Sharman, *The Vanishing Garden: A Conservation Guide to Garden Plants* (London, 1986), p. 52.

21 R. Todd Longstaffe-Gowan, 'Plant Effluvia: Changing Notions of the Effects of Plant Exhalations on Human Health in the Eighteenth and Nineteenth Centuries', *Journal of Garden History*, vii/2 (1987), pp. 176−85.

22 J. R. Mollison, *The New Practical Window Gardener: Being Practical Directions for the Cultivation of Flowering and Foliage*

실내식물의 문화사

Plants in Windows and Glazed Cases, and the Arrangement of Plants and Flowers for the Embellishment of the Household (London, 1877), p. 52.

23 United Nations, 'Revision of World Urbanization Prospects, 68% of the World Population Projected to Live in Urban Areas by 2050', www.un.org, 18 May 2018.

24 Marc T. J. Johnson and Jason Munshi-South, 'Evolution of Life in Urban Environments', *Science*, ccclviii/6363 (2017).

25 Alexander Mahnert, Christine Moissl-Eichinger and Gabriele Berg, 'Microbiome Interplay: Plants Alter Microbial Abundance and Diversity within the Built Environment', *Frontiers in Microbiology* (2015), p. 887.

26 Joseph Arditti and Eloy Rodriguez, '*Dieffenbachia*: Uses, Abuses and Toxic Constituents: A Review', *Journal of Ethnopharmacology*, 5 (1982), pp. 293–302.

27 Michael G. Kenny, 'A Darker Shade of Green: Medical Botany, Homeopathy, and Cultural Politics in Interwar Germany', *Social History of Medicine*, xv (2002), pp. 481–504.

28 Nicholas C. Kawa, 'Plants that Keep the Bad Vibes Away: Boundary Maintenance and Phyto-Communicability in Urban Amazonia', *Ethnos*, lxxxvi (2020), pp. 1–17.

29 Jane Desmarais, *Monsters under Glass: A Cultural History of Hothouse Flowers from 1850 to the Present* (London, 2018).

30 N. Meeker and A. Szabari, 'From the Century of the Pods to the Century of the Plants: Plant Horror, Politics and Vegetal Ontology', *Discourse*, xxxiv/1 (2012), pp. 32–58.

31 Nathaniel Bagshaw Ward, *On the Growth of Plants in Closely Glazed Cases* (London, 1852).

참고문헌 목록

32 Patrick Blanc, *The Vertical Garden* (London, 2008); Takashi Amano, www.adana.co.jp/en/contents/takashiamano, accessed 12 May 2019.

33 'Devastated Woman Discovers Plant She's Been Watering for Two Years Is Fake', www.mirror.co.uk, 3 March 2020.

34 'World's Smallest Water Lily Stolen from Kew Gardens', www.theguardian.com, 13 January 2014.

1 이국적인 식물채집

1 Tomas Anisko, *Plant Exploration for Longwood Gardens* (Portland, or, 2006), p. 143.

2 iucn Red List, www.iucnredlist.org.

3 Email communication with Bill Rotolante, January 2020.

4 Hugh Platt, *Floraes Paradise* (London, 1608).

5 Gordon Rowley, *A History of Succulent Plants* (Mill Valley, ca, 1997), pp. 43–6.

6 Rebecca Earle, 'The Day Bananas Made Their British Debut', www.theconversation.com, 10 April 2018.

7 John Gerard, *The Herball; or, Generall Historie of Plantes* (London, 1597).

8 Quoted in Douglas Chamber, 'John Evelyn and the Invention of the Heated Greenhouse', *Garden History*, xx/2 (1992), p. 201.

9 Mike Maunder, 'The Tropical Aroids: The Discovery, Introduction and Cultivation of Exotic Icons', in *Philodendron: From Pan-Latin Exotic to American Modern*, ed. Christian Larsen (Miami Beach, fl, 2015), pp. 17–31.

10 Joseph Holtum et al., 'Crassulacean Acid Metabolism in the zz

Plant, *Zamioculcas zamiifolia* (Araceae)', *American Journal of Botany*, xciv/10 (2007), pp. 1670–76.

11 Santiago Madrinán, *Nikolaus Joseph Jacquin's American Plants: Botanical Expedition to the Caribbean (1754–1759) and the Publication of the Selectarum Stirpium Americanarum Historia* (Leiden, 2013), p. 11.

12 Mike Maunder, 'Monstera Inc.', *Rakesprogress*, 7 (2018), pp. 220–22.

13 Donald R. Strong and Thomas S. Ray, 'Host Tree Location Behavior of a Tropical Vine (*Monstera gigantea*) by Skototropis', Science, 190 (1975), pp. 804–6.

14 J. López-Portillo et al., 'Hydraulic Architecture of *Monstera acuminata*: Evolutionary Consequences of the Hemiepiphytic Growth Form', *New Phytologist*, cxlv/2 (2000), pp. 289–99.

15 Tyler Whittle, *The Plant Hunters* (London, 1970), p. 118.

16 James Herbert Veitch, *Hortus Veitchii: A History of the Rise and Progress of the Nurseries of Messrs James Veitch and Sons* [1906] (Exeter, 2006).

17 Richard Steele, *An Essay upon Gardening* (York, 1793), p. 7.

18 Jianjun Chen and Richard J. Henny, 'zz: A Unique Tropical Ornamental Foliage Plant', *HortTechnology*, xiii/3 (2003), pp. 458–62.

19 G. Prigent, 'Huysmans Pornographe', Romantisme, clxvii/1 (2015), pp. 60–75.

20 Joel T. Fry, 'America's First Poinsettia: The Introduction at Bartram's Garden', www.bartramsgarden.org, 14 December 2016.

21 Walter L. Lack, 'The Discovery, Naming and Typification of *Euphorbia pulcherrima* (Euphorbiaceae)', *Willdenowia*, xli/2 (2011), pp. 301–9.

22 Judith M. Taylor et al., 'The Poinsettia: History and Transformation', *Chronica Horticulturae*, li/3 (2011), pp. 23–8.

23 J. L. Clarke et al., '*Agrobacterium tumefaciens* – Mediated Transformation of Poinsettia, *Euphorbia pulcherrima*, with Virus-Derived Hairpin RNA Constructs Confers Resistance to Poinsettia Mosaic Virus', *Plant Cell Reports,* xxvii/6 (2008), pp. 1027–38.

24 Laura Trejo et al., 'Poinsettia's Wild Ancestor in the Mexican Dry Tropics: Historical, Genetic, and Environmental Evidence', *American Journal of Botany,* xcix/7 (2012), pp. 1146–57.

25 M. T. Colinas et al., 'Cultivars of *Euphorbia pulcherrima* from Mexico', *xxix International Horticultural Congress on Horticulture: Sustaining Lives, Livelihoods and Landscapes,* 1104 (2014), pp. 487–90.

26 Quoted in Michael Fraser and Liz Fraser, *The Smallest Kingdom* (London, 2011), p. 168.

27 Ibid., pp. 140–42.

28 Ibid., pp. 167–81.

29 Ibid., pp. 181–3.

30 D. R. Davies and C. L. Hedley, 'The Induction by Mutation of All-Year- Round Flowering in *Streptocarpus*', *Euphytica,* 24 (1975), pp. 269–75.

31 Tomas Hasing et al., 'Extensive Phenotypic Diversity in the Cultivated Florist's Gloxinia, *Sinningia speciosa* (Lodd.) Hiern, Is Derived from the Domestication of a Single Founder Population', *Plants, People, Planet,* i/4 (2019), pp. 363–74.

2 미녀와 야수: 더 멋진 실내식물 육종

1 George Gessert, *Green Light: Toward an Art of Evolution* (Cambridge, ma, 2012), p. 91.

2 Ibid., p. 26.

3 Ibid., p. 1.

4 Michael Leapman, *The Ingenious Mr Fairchild* (London, 2000).

5 Noel Kingsbury, *Hybrid: The History and Science of Plant Breeding* (Chicago, IL, 2009), p. 74.

6 Ibid., pp. 77–83.

7 Quoted ibid., p. 95.

8 Veronica M. Read, *Hippeastrum: The Gardener's Amaryllis* (Portland, or, 2004), p. 16.

9 Ibid., p. 41.

10 Y. Wang et al., 'Revealing the Complex Genetic Structure of Cultivated Amaryllis (*Hippeastrum hybridum*) Using Transcriptome-Derived Microsatellite Markers', *Scientific Reports*, 8 (2018), pp. 1–12.

11 James Herbert Veitch, *Hortus Veitchii: A History of the Rise and Progress of the Nurseries of Messrs James Veitch and Sons* [1906] (Exeter, 2006), pp. 103–5.

12 Bodhisattva Kar, 'Historia Elastica: A Note on the Rubber Hunt in the North Eastern Frontier of British India', *Indian Historical Review*, xxxvi/1 (2009), pp. 131–50.

13 Richard J. Henny and Jianjun Chen, 'Cultivar Development of Ornamental Foliage Plants', *Plant Breeding Reviews*, 23 (2003), p. 277.

14 Ibid., pp. 278–9.

15 Ibid., pp. 271–2.

16 Hiroshi Ishizaka, 'Breeding of Fragrant Cyclamen by Interspecific Hybridization and Ion-Beam Irradiation', *Breeding Science*, lxviii/1 (2018), pp. 25–34.

17 Dan Torre, Cactus (London, 2017), pp. 158–62.

18 Gideon F. Smith et al., 'Nomenclature of the Nothogenus Names × *Graptophytum* Gossot, × *Graptoveria* Gossot, and × *Pachyveria* Haage & Schmidt (Crassulaceae)', *Bradleya*, 36 (2018), pp. 33–41.

19 Jaime A. Teixeira da Silva et al., 'African Violet (*Saintpaulia ionantha* H. Wendl.): Classical Breeding and Progress in the Application of Biotechnological Techniques', *Folia Horticulturae*, xxix/2 (2017), pp. 99–111.

20 Helene Anne Curry, *Evolution Made to Order: Plant Breeding and Technological Innovation in Twentieth-Century America* (Chicago, IL, 2016), p. 134.

21 Ibid., pp. 180–83.

22 R. J. Griesbach, 'Development of Phalaenopsis Orchids for the Mass-Market', *Trends in New Crops and New Uses* (2002), pp. 458–65.

23 Tim Wing Yam and Joseph Arditti, 'History of Orchid Propagation: A Mirror of the History of Biotechnology', *Plant Biotechnology Review*, iii/1 (2009), pp. 1–56.

3 건강, 행복, 상리공생

1 Emanuele Coccia, *The Life of Plants: A Metaphysics of Nature* (Cambridge, 2019), pp. 4–5.

2 United Nations, 'Revision of World Urbanization Prospects, 68%

of the World Population Projected to Live in Urban Areas by 2050', www.un.org, 18 May 2018.

3 Laura J. Martin et al., 'Evolution of the Indoor Biome', *Trends in Ecology and Evolution*, xxx/4 (2015), pp. 223–32.

4 Ibid.

5 S. M. Gibbons, 'The Built Environment Is a Microbial Wasteland', *mSystems*, 1 (2016), e00033-16, doi: 10.1128/Msystems.00033-16; Gabriele Berg, Alexander Mahnert and Christine Moissl-Eichinger, 'Beneficial Effects of Plant-Associated Microbes on Indoor Microbiomes and Human Health?', *Frontiers in Microbiology*, 5 (2014), p. 15.

6 Berg, Mahnert and Moissl-Eichinger, 'Beneficial Effects'.

7 C. Neal Stewart et al., 'Houseplants as Home Health Monitors', *Science*, ccclxi/6399 (2018), pp. 229–30.

8 Alexander Mahnert, Christine Moissl-Eichinger and Gabriele Berg, 'Microbiome Interplay: Plants Alter Microbial Abundance and Diversity within the Built Environment', *Frontiers in Microbiology*, 6 (2015), p. 887; Alexander Mahnert et al., 'Enriching Beneficial Microbial Diversity of Indoor Plants and Their Surrounding Built Environment with Biostimulants', *Frontiers in Microbiology*, 9 (2018), p. 2985; Rocel Amor Ortega et al., 'The Plant Is Crucial: Specific Composition and Function of the Phyllosphere Microbiome of Indoor Ornamentals', *fems Microbiology Ecology*, xcii/12 (2016).

9 United Nations, 'Revision of World Urbanization Prospects'.

10 World Health Organization, *Global Status Report on Noncommunicable Diseases 2014*, who/nmh/nvi/15.1 (2014).

11 Melissa R. Marselle et al., 'Review of the Mental Health and

참고문헌 목록

Well-Being Benefits of Biodiversity', in *Biodiversity and Health in the Face of Climate Change* (Cham, 2019), pp. 175–211; Tina Bringslimark, Terry Hartig and Grete G. Patil, 'The Psychological Benefits of Indoor Plants: A Critical Review of the Experimental Literature', *Journal of Environmental Psychology*, xxix/4 (2009), pp. 422–33, doi: 10.1016/J.Jenvp.2009.05.001.

12 R. Todd Longstaffe-Gowan, 'Plant Effluvia: Changing Notions of the Effects of Plant Exhalations on Human Health in the Eighteenth and Nineteenth Centuries', *Journal of Garden History*, vii/2 (1987), pp. 176–85.

13 Quoted in Catherine Horwood, *Potted History: The Story of Plants in the Home* (London, 2007), p. 103.

14 Quoted ibid., p. 104.

15 Kate E. Lee et al., '40-Second Green Roof Views Sustain Attention: The Role of Micro-Breaks in Attention Restoration', *Journal of Environmental Psychology* (April 2015), pp. 182–9; Jo Barton, Murray Griffin and Jules Pretty, 'Exercise, Nature- and Socially Interactive-Based Initiatives Improve Mood and Self-Esteem in the Clinical Population', *Perspectives in Public Health*, cxxxii/2 (2012), pp. 89–96.

16 Magdalena van den Berg et al., 'Health Benefits of Green Spaces in the Living Environment: A Systematic Review of Epidemiological Studies', *Urban Forestry and Urban Greening*, xiv/4 (2015), pp. 806–16.

17 B. C. Wolverton, Anne Johnson and Keith Bounds, *Interior Landscape Plants for Indoor Air Pollution Abatement* (Davidsonville, md, 1989).

18 Robinson Meyer, 'A Popular Benefit of Houseplants Is a Myth',

실내식물의 문화사

The Atlantic, 9 March 2019; E. Cummings Bryan and Michael S. Waring, 'Potted Plants Do Not Improve Indoor Air Quality: A Review and Analysis of Reported voc Removal Efficiencies', *Journal of Exposure Science and Environmental Epidemiology*, xxx/2 (2020), pp. 253–61.

19 Long Zhang, Ryan Routsong and Stuart E. Strand, 'Greatly Enhanced Removal of Volatile Organic Carcinogens by a Genetically Modified Houseplant, Pothos Ivy (*Epipremnum aureum*) Expressing the Mammalian Cytochrome P450 2e1 Gene', *Environmental Science and Technology*, liii/1 (2018), pp. 325–31.

20 Susan McHugh, 'Houseplants as Fictional Subjects', in *Why Look at Plants? The Botanical Emergence in Contemporary Art* (Leiden, 2018), pp. 191–4.

21 George Orwell, *Keep the Aspidistra Flying* (London, 1956), p. 28.

22 Ernst Van Jaarsveld, *The Southern African Plectranthus* (Simons Town, 2006), pp. 72–3.

23 Orwell, *Keep the Aspidistra Flying*, p. 28.

24 Harriet Gross, *The Psychology of Gardening* (London, 2018), p. 42.

25 Chang Chia-Chen et al., 'Social Media, Nature, and Life Satisfaction: Global Evidence of the Biophilia Hypothesis', *Scientific Reports*, x/1 (2020), pp. 1–8.

26 Stephen R. Kellert, *Nature by Design: The Practice of Biophilic Design* (New Haven, ct, 2018).

27 Richard J. Jackson, Howard Frumkin and Andrew L. Dannenberg, eds, *Making Healthy Places: Designing and Building for Health, Well-Being, and Sustainability* (Portland, or, 2012).

28 Tonia Gray, 'Re-Thinking Human–Plant Relations by Theorising

참고문헌 목록

Using Concepts of Biophilia and Animism in Workplaces', in *Reimagining Sustainability in Precarious Times* (Singapore, 2017), pp. 199–215.

29 Anna Wilson, Dave Kendal and Joslin L. Moore, 'Humans and Ornamental Plants: A Mutualism?', *Ecopsychology*, viii/4 (2016), pp. 257–63.

4 워드 씨의 투명하고 단단한 유산

1 Shirley Hibberd, *Rustic Adornments for Homes of Taste* (London, 1856), p. 135.

2 John Claudius Loudon, *The Suburban Gardener and Villa Companion* (London, 1838), p. 104.

3 Marianne Klemun, 'Live Plants on the Way: Ship, Island, Botanical Garden, Paradise and Container as Systemic Flexible Connected Spaces in Between', *Journal of History of Science and Technology*, v (Spring 2012), pp. 30–48; Yves-Marie Allain, *Voyages et Survie des Plantes au Temps de la Voile* (Paris, 2000).

4 Allan Maconochie, 'On the Use of Glass Cases for Rearing Plants Similar to Those Recommended by N. B. Ward, Esq.', *Third Annual Report and Proceedings of the Botanical Society, Session 1838–9* (1840), pp. 96–7.

5 Shirley Hibberd, *The Town Gardener* (London, 1855), p. 11.

6 Nathaniel Bagshaw Ward, *On the Growth of Plants in Closely Glazed Cases* (London, 1842), p. 36.

7 Stuart McCook, 'Squares of Tropic Summer: The Wardian Case, Victorian Horticulture, and the Logistics of Global Plant Transfer, 1770–1910', in *Global Scientific Practice in an Age of Revolu-*

tions, 1750–1850, ed. Patrick Manning and Daniel Rood (Pittsburgh, pa, 2016), pp. 199–215.

8 Donal P. McCracken, *The Gardens of Empire* (London, 1997), p. 85.

9 C. Mackay, 'The Arrival of the Primrose', *Friends Intelligencer*, xxii/8 (29 April 1865), p. 123.

10 D. E. Allen, *The Victorian Fern Craze: A History of Pteridomania* (London, 1969).

11 Ward, *On the Growth of Plants*, p. 49.

12 Lindsay Wells, 'Close Encounters of the Wardian Kind: Terrariums and Pollution in the Victorian Parlor', *Victorian Studies*, lx/2 (Winter 2018), pp. 158–70.

13 Margaret Flanders Darby, 'Unnatural History: Ward's Glass Cases', *Victorian Literature and Culture*, xxxv/2 (2007), pp. 635–47.

14 J. Pascoe, *The Hummingbird Cabinet* (Ithaca, ny, 2006), p. 48.

15 Charles Kingsley, *Glaucus; or, The Wonders of the Shore* (London, 1890), p. 4.

16 William Scott, *The Florist's Manual* (Chicago, IL, 1899), p. 84.

17 Shirley Hibberd, *The Fern Garden* (London, 1869), p. 54.

18 Nona Maria Bellairs, *Hardy Ferns* (London, 1865), p. 77.

19 Ruth Kassinger, *Paradise under Glass* (New York, 2010), pp. 263–5.

20 Mara Polgovsky Ezcurra, 'The Future of Control: Luis Fernando Benedit's Labyrinth Series', http://post.moma.org, 4 September 2019.

21 'The Biosphere Project', www.biosphere2.org, accessed 2 March 2020.

22 Ruth Erickson, 'Into the Field', *in Mark Dion: Misadventures of a*

참고문헌 목록

Twenty-First-Century Naturalist, exh. cat., Institute of Contemporary Art, Boston, ma(New Haven, ct, 2017), p. 59.

23 Amy Frearson, 'Over 10,000 Plants Used to Create Grassland inside Australian Pavilion', www.dezeen.com, 26 May 2018.

24 Jacques Leenhardt, *Vertical Gardens: Bringing the City to Life* (London, 2007), p. 20.

25 Patrick Blanc, *The Vertical Garden* (London, 2008).

5 식물로 된 집

1 Christian A. Larsen, ed., *Philodendron: From Pan-Latin Exotic to American Modern,* exh. cat., Florida International University/ Wolfsonian Museum (Miami, FL, 2015), pp. 58–9.

2 Hannah Martin, 'The Story Behind the Iconic Banana-Leaf Pattern Design', www.architecturaldigest.com, 31 March 2019.

3 Larsen, *Philodendron,* pp. 33–112.

4 International Living Future Institute, www.living-future.org, accessed 1 April 2020.

5 Huijuan Deng and Chi Yung Jim, 'Spontaneous Plant Colonization and Bird Visits of Tropical Extensive Green Roof', *Urban Ecosystems,* xx/2 (2017), pp. 337–52.

6 See www.terreform.com, accessed 1 April 2020.

7 See www.bagarquitectura.com, accessed 6 September 2019.

8 See 'Hyun Seok-An', www.antenna.foundation, accessed 5 April 2020.

9 Tuan G. Nguyen, 'Can an Algae-Powered Lamp Quench Our Thirst for Energy?', www.smithsonianmag.com, 22 October 2013.

10 Alison Haynes et al., 'Roadside Moss Turfs in South East Aus-

tralia Capture More Particulate Matter Along an Urban Gradient than a Common Native Tree Species', *Atmosphere*, x/4 (2019), p. 224.

11 See www.greencitysolutions.de, accessed 10 April 2020.

12 Emilie Chalcraft, 'Researchers Develop Biological Concrete for Moss-Covered Walls', www.dezeen.com, 3 January 2013.

13 Rima Sabina Aouf, 'Bricks Made from Waste and Loofah Could Promote Biodiversity in Cities', www.dezeen.com, 14 July 2019.

14 Amy Frearson, 'Tower of "Grown" Bio-Bricks by The Living Opens at moma ps1', www.dezeen.com, 1 July 2014.

15 William Myers, *Bio Art/Altered Realities* (London, 2015), p. 14.

16 Kelly Servick, 'How the Transgenic Petunia Carnage of 2017 Began', www.sciencemag.org, 24 May 2017.

17 Myers, *Bio Art,* pp. 1138-40.

18 Eleni Stavrinidou et al., 'Electronic Plants', *Science Advances,* i/10 (6 November 2015), www.advances.sciencemag.org.

19 Mary K. Heinrich et al., 'Constructing Living Buildings: A Review of Relevant Technologies for a Novel Application of Biohybrid Robotics', *Journal of the Royal Society Interface,* 16 (2019), pp. 1-28.

20 Anne Trafton, 'Bionic Plants', https://news.mit.edu, 16 March 2014.

21 Anne Trafton, 'Nanosensor Can Alert a Smartphone When Plants Are Stressed', https://news.mit.edu, 15 April 2020.

22 Amy McDermott, 'Light-Seeking Mobile Houseplants Raise Big Questions about the Future of Technology', *Proceedings of the National Academy of Sciences,* cxvi/31 (2019), pp. 15,313-15.

23 See www.daisyginsberg.com, accessed 5 October 2019.

참고문헌 목록

6 야생종과 멸종위기종

1 Dana Goodyear, 'Succulent Smugglers Descend on California', www.newyorker.com, 12 February 2019.

2 Jared D. Margulies, 'Korean "Housewives" and "Hipsters" Are Not Driving a New Illicit Plant Trade: Complicating Consumer Motivations behind an Emergent Wildlife Trade in *Dudleya farinosa*', *Frontiers in Ecology and Evolution,* 8 (2020), p. 604,921.

3 Maurizio Sajeva, Francesco Carimi and Noel McGough, 'The Convention on International Trade in Endangered Species of Wild Fauna and Flora (cites) and Its Role in Conservation of Cacti and Other Succulent Plants', *Functional Ecosystems and Communities,* i/2 (2007), pp. 80 – 85.

4 Thomas Brooks et al., 'Global Biodiversity Conservation Priorities', *Science,* cccxiii/5783 (2006), pp. 58 – 61.

5 Antonia Eastwood et al., 'The Conservation Status of *Saintpaulia*', *Curtis's Botanical Magazine,* xv/1 (1998), pp. 49 – 62.

6 B. L. Burtt, 'Studies in the Gesneriaceae of the Old World xxv: Additional Notes on *Saintpaulia*', *Notes of the Royal Botanic Garden Edinburgh,* xxv/3 (1964), pp. 191 – 5.

7 Ian Darbyshire, *Gesneriaceae, Flora of Tropical East Africa*, vol. ccxlii (London, 2006).

8 iucn Red List, www.iucnredlist.org.

9 Ibid.

10 Dimitar Dimitrov, David Nogues-Bravo and Nikolaj Scharff, 'Why Do Tropical Mountains Support Exceptionally High Biodiversity? The Eastern Arc Mountains and the Drivers of *Saintpaulia* Diver-

실내식물의 문화사

sity', *Plos One,* vii/11 (2012).

11 Dawn Edwards, *'The Conversion of Saintpaulia', The Plants-man,* xvii/4 (December 2018), pp. 260 – 61.

12 Mark Hughes, 'The Begonia of the Socotra Archipelago', *Begonian,* 68 (November – December 2001), pp. 109 – 213, www.begonias.org.

13 James Herbert Veitch, *Hortus Veitchii: A History of the Rise and Progress of the Nurseries of Messrs James Veitch and Sons* [1906] (Exeter, 2006).

14 James Wong, 'Gardens: All Hail the Vulcan Palm', www.guardian.co.uk, 10 January 2016.

15 Anon., 'Plant Focus: Resurrected from the Brink of Extinction', *The Plantsman* (2005/p4), p. 67.

16 Seana K. Walsh et al., 'Pollination Biology Reveals Challenges to Restoring Populations of *Brighamia insignis* (Campanulaceae), a Critically Endangered Plant Species from Hawai'i', *Flora,* 259 (October 2019).

17 Lex Thomson and Luca Braglia, 'Review of Fiji Hibiscus (Malvaceae-Malvoideae) Species in Section Lilibiscus', *Pacific Science,* lxxiii/1 (2019), pp. 79 – 121.

18 Earley Vernon Wilcox and Valentine S. Holt, *Ornamental 'Hibiscus' in Hawaii,* Bulletin no. 29, Hawaii Agricultural Experiment Station (Honolulu, HI, 1913).

19 Thomson and Braglia, 'Review'.

20 Barbara Goettsch et al., 'High Proportion of Cactus Species Threatened with Extinction', *Nature Plants,* i/10 (2015).

21 Ana Novoa et al., 'Level of Environmental Threat Posed by Horticultural Trade in Cactaceae', *Conservation Biology,* xxxi/5 (2017),

참고문헌 목록

pp. 1066-75.

22 W. A. Maurice et al., 'Echinocactus grusonii, a New Location for the Golden Barrel', *Cactusworld*, xxiv/4 (2006), pp. 169-73.

23 Rafael Ortega Varela, Zirahuen Ortega Varela and Charles Glass, 'Rescue Operations of Threatened Species in the Hydroelectric Project: Zimapán, Mexico', *British Cactus and Succulent Journal*, xv/3 (1997), pp. 123-8.

24 iucn Red List, www.iucnredlist.org, accessed 5 March 2020.

25 Mike Maunder et al., 'Conservation of the Toromiro Tree: Case Study in the Management of a Plant Extinct in the Wild', *Conservation Biology*, xiv/5 (2000), pp. 1341-50.

26 Michael Fraser and Liz Fraser, *The Smallest Kingdom* (London, 2011).

27 Ibid.; Anthony Hitchcock, 'Erica verticillata', www.plantzafrica.com, accessed 8 January 2019.

28 *Ladies' Floral Cabinet*, quoted in Tovah Martin, *Once upon a Windowsill: A History of Indoor Plants* (Portland, or, 1988), p. 209.

29 Bruce Beveridge, *The Ship Magnificent, vol. II: Interior Design and Fitting* (London, 2009).

30 G. P. Darnell-Smith, 'The Kentia Palm Seed Industry, Lord Howe Island', in *Bulletin of Miscellaneous Information (Royal Botanic Gardens, Kew)* (London, 1929), pp. 1-4; Alba Herraiz et al., 'Developing a New Variety of Kentia Palms (*Howea forsteriana*): Up-Regulation of Cytochrome B561 and Chalcone Synthase Is Associated with Red Colouration of the Stems', *Botany Letters*, clxv/2 (2018), pp. 241-7.

결론 새로운 세계들

1 World Population Growth, www.ourworldindata.org, accessed 18 December 2020.

2 See 'co2 since 1800', www.sealevel.info, accessed 18 December 2020.

3 Christopher J. Preston, *The Synthetic Age: Outdesigning Evolution, Resurrecting Species and Reengineering Our World* (Cambridge, ma, 2018).

4 Long Zhang, Ryan Routsong and Stuart E. Strand, 'Greatly Enhanced Removal of Volatile Organic Carcinogens by a Genetically Modified Houseplant, Pothos Ivy (*Epipremnum aureum*) Expressing the Mammalian Cytochrome p450 2e1 Gene', *Environmental Science and Technology*, liii/1 (2018), pp. 325–31.

5 See www.iucn-uk-peatlandprogramme.org, accessed 2 September 2021.

6 Ferdinand Ludwig et al., 'Living Bridges Using Aerial Roots of *Ficus elastica*: An Interdisciplinary Perspective', *Scientific Reports*, ix/1 (2019), pp. 1–11; John Goddard, 'Food Preferences of Two Black Rhinoceros Populations', *African Journal of Ecology*, vi/1 (1968), pp. 1–18; Ian Kiepieland and Steven D. Johnson, 'Shift from Bird to Butterfly Pollination in *Clivia* (Amaryllidaceae)', *American Journal of Botany*, ci/1 (2014), pp. 190–200; Nicholas C. Kawa, 'Plants that Keep the Bad Vibes Away: Boundary Maintenance and Phyto-Communicability in Urban Amazonia', *Ethnos* (2020), pp. 1–17.

참고문헌 목록

서지 목록

Allan, Mea, Tom's Weeds: The Story of the Rochfords and Their House Plants (London, 1970)

Blanc, Patrick, The Vertical Garden (London, 2008)

Curry, Helen Anne, Evolution Made to Order: Plant Breeding and Technological Innovation in Twentieth-Century America (Chicago, IL, 2016)

Desmarais, Jane, Monsters under Glass: A Cultural History of Hothouse Flowers from 1850 to the Present (London, 2018)

Erickson, Ruth, Mark Dion: Misadventures of a Twenty-First-Century Naturalist, exh. cat., Institute of Contemporary Art, Boston, ma (New Haven, ct, 2017)

Fraser, Michael, and Liz Fraser, The Smallest Kingdom (London, 2011)

Gessert, George, Green Light: Toward an Art of Evolution (Cambridge, ma, 2012)

Gross, Harriet, The Psychology of Gardening (London, 2018)

Horwood, Catherine, Potted History: The Story of Plants in the Home (London, 2007)

Jones, Margaret E., House Plants (London, 1962)

Kassinger, Ruth, Paradise under Glass (New York, 2010)

실내식물의 문화사

Kellert, Stephen R., Nature by Design: The Practice of Biophilic Design (New Haven, ct, 2018)

Kingsbury, Noel, Hybrid: The History and Science of Plant Breeding (Chicago, IL, 2009)

Koopowitz, Harold, Clivias (Seattle, WA, 2002)

Larsen, Christian A., ed., Philodendron: From Pan-Latin Exotic to American Modern, exh. cat., Florida International University/ Wolfsonian Museum (Miami, FL, 2015)

Leapman, Michael, The Ingenious Mr Fairchild (London, 2000)

Leenhardt, Jacques, Vertical Gardens: Bringing the City to Life (London, 2007)

Mabey, Richard, The Cabaret of Plants: Forty Thousand Years of Plant Life and the Human Imagination (London, 2016)

Martin, Tovah, Once upon a Windowsill: A History of Indoor Plants (Portland, or, 1998)

Myers, William, Bio Art/Altered Realities (London, 2015)

Read, Veronica M., Hippeastrum: The Gardener's Amaryllis (Portland, or, 2004)

Rowley, Gordon, A History of Succulent Plants (Mill Valley, ca, 1997)

Staples, George W., and Derral R. Herbst, A Tropical Garden Flora (Honolulu, HI, 2005)

Sund, Judy, Exotica: A Fetish for the Foreign (London, 2019)

Van Jaarsveld, Ernst, The Southern African Plectranthus (Simons Town, 2006)

Whittle, Tyler, The Plant Hunters (London, 1970)

Wilson, Edward O., The Diversity of Life (Cambridge, ma, 1992)

관련 단체와 웹사이트

AFRICAN VIOLET SOCIETY OF AMERICA
www.avsa.org

AMERICAN BEGONIA SOCIETY
www.begonias.org

AMERICAN HORTICULTURAL SOCIETY
www.ahsgardening.org

BRITISH CACTUS AND SUCCULENT SOCIETY
www.society.bcss.org.uk

BRITISH STREPTOCARPUS SOCIETY
www.facebook.com/streptocarpussociety

CACTUS AND SUCCULENT SOCIETY OF AMERICA
www.cactusandsucculentsociety.org

CLIVIA SOCIETY
www.cliviasociety.org

THE GESNERIAD SOCIETY
www.gesneriadsociety.org

INTERNATIONAL AROID SOCIETY
www.aroid.org

INTERNATIONAL HIBISCUS SOCIETY
www.internationalhibiscussociety.org

NATIONAL BEGONIA SOCIETY (UK)
www.national-begonia-society.co.uk

ROYAL HORTICULTURAL SOCIETY
www.rhs.org.uk

열대 식물 보호 단체

BOTANIC GARDENS CONSERVATION INTERNATIONAL
www.bgci.org

FAUNA AND FLORA INTERNATIONAL
www.fauna-flora.org

NATIONAL TROPICAL BOTANICAL GARDEN
www.ntbg.org

RAINFOREST TRUST
www.rainforesttrust.org

ROYAL BOTANIC GARDENS, KEW
www.kew.org

WORLD LAND TRUST
www.worldlandtrust.org

관련 단체와 웹사이트

감사의 말

나는 운좋게도 두 개의 세계를 두루 경험했다. 우선 현장 전문 식물학자들과 야생 서식지에서 일할 기회가 있었다. 하와이에서는 국립열대식물원(NTBG) 동료인 켄 우드(Ken Wood), 스티브 펄먼(Steve Perlman)과 함께 일했고, 동아프리카에서는 동아프리카 식물 적색목록 담당국(East African Plant Red List Authority)의 쿠엔틴 루크(Quentin Luke)를 비롯하여 그의 동료들과 협업했다.

또한 상업 양묘장, 식물원, 개인 수집가가 열대지방이나 유리온실에서 재배하는 식물 컬렉션들을 둘러보는 행운도 누렸다. 플로리다 남부와 하와이에서 아주 행복한 몇 년을 보내는 동안, 자신의 시간, 지식, 꺾꽂이묘를 기꺼이 나누어준 수많은 열대식물학자와 원예가들 덕분에 나의 경험은 아주 풍성해졌다.

이 책은 두 차례의 대화에서 시작되었다. 첫번째는 당시 마이애미비치 울프소니언 박물관 소속이던 크리스천 라슨(Christian Larsen)과 나눈 대화이고, 두번째는 켄트대학교의 라진드라 푸리(Rajindra Puri) 박사와 그의 민속식물학 제자들과 나눈 대화이다. 이 프로젝트를 위해 많은 사람들이 도움의 손길을 내밀어주었다. 존 드루리(Jon Drury)와 맷 빅스(Matt Biggs)는 이 과정 동안 격려를 아끼지 않았고, 특유의 활력을 가진 수진 앤드루스(Susyn Andrews)는 내 책의 학명들을 바로잡아주었다. 특히나 많은 조언을 해준 친구와 동료는 다음과 같다. 하비 번스타인(Harvey Bernstein), 짐 폴섬(Jim Folsom), 미첼 조애킴(Mitchell Joachim), 모린 매캐든(Maureen McCadden), 크레이그 모렐(Craig Morell), 새라 올드필드(Sara Oldfield), 브라이언 슈라이어(Brian Schrire), 폴 B. 레드먼(Paul B. Redman), 빌 로톨란테(Bill Rotolante), 폴 스미스(Paul Smith), 맷 테일러(Matt Taylor), 렉스 톰슨(Lex Thomson), 존 트라거(John Trager), 그리고 비카시 타타야(Vikash Tatayah). 태국 방콕의 여러 환상적인 식물 시장과 과일 노점을 구경시켜준 위라차이 나나콘(Weerachai Nanakorn) 박사에게도 감사드린다. 이 책에 실수가 있다면 그건 전부 내 책임이다.

본인의 작품 이미지를 아낌없이 공유해준 아래의 예술가들에게도 깊은 감사를 전한다. 에우헤니오 암푸디아(Eugenio Ampudia), 케이타 오그스트칼니(Keita Augstkalne), 패트릭 블랑(Patric Blanc), 고하르 다쉬티(Gohar Dashti), 디즈니 데이비스(Disney Davis)와 니틴 바차(Nitin Barcha), 에코로직 스튜디오(ecoLogic Studios), 로라 하트(Laura Hart), 제이미 노스(Jamie North), 하이디 노턴(Heidi Norton), 장 누벨(Jean Nouvel), 케이트 폴스비(Kate Polsby), 디아나 슈어러(Diana Scherer), 보

종 응이아 아키텍츠(Vo Trong Nghia Architects), 그리고 WOHA 스튜디오(WOHA Studio).

여러 책들이 내게 지속적인 영감의 원천이 되어주었다. 특히 캐서린 호우드(Catherine Horwood)의 『화분에 담긴 역사*Potted History*』, 토바 마틴(Tovah Martin)의 『창턱 위에서*Once Upon a Windowsill*』, 조지 스테이플스(George Staples)와 데럴 R. 허브스트(Derral R. Herbst)의 공저이자 백과사전식 참고자료인 『열대 정원식물*A Tropical Garden Flora*』의 도움을 많이 받았다. 또한 마이크 프레이저(Mike Fraser)와 리즈 프레이저(Liz Fraser)의 아름다운 책 『가장 작은 왕국*The Smallest Kingdom*』을 반복적으로 참고했다.

식물 멸종을 막기 위해 애쓰는 원예가들과 환경보호 활동가들에게 경의를 표한다. 수세대에 걸친 이러한 노력은 에리카 베르티킬라타(Erica verticillata)를 다시 길러 남아프리카의 야생으로 돌려보낸 여러 연구팀들을 통해 단적으로 드러난다.

무엇보다, 나의 멋진 가족들에게 감사한 마음을 전하고 싶다. 소전(Sawsan), (편집과 사진 검색을 도와준) 캐서린(Catherine), (실내식물 램프와 관련하여) 피터(Peter)에게 고맙다. 특히 내게 식물을 사랑하는 법을 가르쳐주신 내 부모님, 피터(Peter)와 이저벨라(Isabella)에게 감사하다.

사진 출처

저자와 출판사는 아래의 예시 자료와 그것에 대한 복제 허가를 제공한 이들에게 감사를 전한다. 일부 예술작품의 위치는 편의상 아래에 표시되어 있다.

From the *African Violet Magazine*, iii/1 (September 1949): p. 80; photo Adriano Alecchi/Mondadori via Getty Images: p. 22; courtesy of Eugenio Ampudio (photo Pedro Martínez de Albornoz): pp. 88–9; from Anon., *Ferns and Ferneries* (London, 1880): p. 113; courtesy of Ateliers Jean Nouvel (photo © Yiorgis Yerolymbos): p. 130; courtesy of Keita Augstkalne: p. 99; from Parker T. Barnes, *House Plants and How to Grow Them* (New York, 1909): p. 34; courtesy of the Barnes Foundation, Merion and Philadelphia, pa: p. 97; courtesy of Henk Beentje: p. 147; courtesy of Harvey Bernstein: pp. 40, 41, 43, 48, 159; courtesy of Patrick Blanc: p. 121; photo © The Bloomsbury Workshop, London/Bridgeman Images: p. 15; Carol M. Highsmith's America, Library of Congress, Prints and Photographs Division, Washington, dc: pp. 118–19; © CartoonStock, www.CartoonStock.com: p. 32; photo Murray Close/Sygma via Getty Images: p. 31; courtesy of CW Stockwell (photo Matt Sartain): p. 126; © Gohar Dashti, courtesy of the artist: p. 129; courtesy of ecoLogicStudio

60 (mady70), 66 (Kristi Blokhin), 72 (kyrien), 78 (*top*; joloei), 78 (*bottom*; weter777), 86 (Aunyaluck), 146 (Elena-Grishina), 154 (TrishZ), 157 (*bottom*; Rob Huntley), 164 (Naaman Abreu), 168 (mathiasmoeller), 171 (Abhijeet Khedgikar); from Edward Step, *Favourite Flowers of Garden and Greenhouse*, vol. iii (London and New York, 1897): p. 170; courtesy of Vikash Tatayah: p. 155; © Tate/ Tate Images: pp. 128, 139; courtesy of Lex A. J. Thomson: p. 156; photo Touring Club Italiano/Marka/ Universal Images Group via Getty Images: p. 98; photos Unsplash: pp. 12 (Severin Candrian), 134 (Daniel Seßler); from James H. Veitch, *Hortus Veitchii: A History of the Rise and Progress of the Nurseries of Messrs. James Veitch and Sons* (London, 1906): p. 64; courtesy of Vo Trong Nghia Architects: pp. 102, 103; photo Seana Walsh, National Tropical Botanical Garden (ntbg), Kalaheo, hi: p. 152; photo Hedda Walther/ullstein bild via Getty Images: p. 28; from N. B. Ward, *On the Growth of Plants in Closely Glazed Cases* (London, 1852): p. 108; from Robert Warner and Benjamin Samuel Williams, *The Orchid Album*, vol. i (London, 1882): p. 9; courtesy of The White Room, www.thewhiteroom.in: p. 16 (*top*); courtesy of woha, Singapore: pp. 132–3; courtesy of Ken Wood: p. 150.

옮긴이의 말

이 책은 '실내식물'이라는 식물의 하위 범주를 다각도에서 조명한 교양서이다. 1장은 이국적인 열대식물이 채집가들의 손을 거쳐 유럽에 소개된 과정, 2장은 더 화려하고 멋진 색과 형태를 창조하기 위한 식물 육종, 3장은 공기정화, 심신 안정 등 실내식물의 이점, 4장은 워디언 케이스, 테리라움 등 식물을 담아두는 다양한 유리상자들, 5장은 실내 공간을 넘어 건물 외벽을 장악하고 건물의 일부로서 기능하는 식물들, 6장은 실내식물의 성공 이면에 가려진 야생의 멸종위기종을 다룬다.

코로나 기간을 거치면서 '실내식물'에 대한 관심이 늘었다. 가족이자 삶의 동반자로서의 식물을 지칭하는 '반려식물'이라는 말이 생기고, 실내식물을 인테리어의 한 요소로 여기면서 '플랜테리어'가 유행했으며, 희귀식물을 잘 번식시켜 중고거래 앱에서 되파는 '식테크'가

인기를 끌었다.

젊은 세대는 나무와 꽃과 풀의 이름도 구분하지 못하는 '식물맹'에 가깝다고 여겨지지만(나의 젊은 시절이 그러했기 때문에 어쩌면 편견일 수도 있겠지만), 인생의 어느 시점이 되면 자연스럽게 식물에 관심을 갖게 되는 경우가 많다. 부모님이, 어른들이 왜 그렇게 꽃 사진을 찍어 카톡에 올리는지, 집에서 화초를 가꾸는지 이해하게 되는 순간이 찾아온다. 날벌레가 불빛에 이끌리듯, 달팽이가 바다를 기억하듯, 인간에게 내재된 '바이오필리아'의 스위치가 켜지면서 녹색식물을 갈망하게 되는 그런 순간이.

실내식물은 탁한 공기만 정화해주는 게 아니라 마음의 포름알데히드까지 걸러주는 듯하다. 그건 마음을 편안하게 해주는 여러 빛깔의 녹색, 특유의 꽃향기와 풀냄새, 형태상의 규칙성과 불규칙성의 절묘한 균형, 혹은 이 모든 감각들의 조합 때문일 수도 있다. 식물을 가까운 곳에 두고 멍하니 바라보는 '식물멍'에는 명상적인 가치가 있고 그 순간에 정신적인 배터리가 서서히 충전된다. 도시화가 심화되고 실내에서 지내는 시간이 많아지고 스트레스가 늘어가면서 앞으로도 많은 '식물맹'이 '식물멍'의 세계로 빠져들 것이라고 생각한다.

실내식물업계가 자본주의의 비옥한 토양 위에 화려한 꽃을 피우는 동안, 야생종과 멸종위기종 식물이 점점 더 척박하고 좁은 땅으로 내몰리는 상황은 아이러니하다. 하지만 이 책의 저자는 실내식물에 대한 사랑이 야생종과 멸종위기종에 대한 관심과 지원으로 이어질 수 있다고 말한다. 실내식물이 넓은 정원을 가지지 못한 도시 생활자들에게 한 조각의 자연이 되어주는 동시에 도시에서의 삶과 야생 보호 노력을 이어주는 가교 역할을 할 수 있기를 바란다.

옮긴이의 말

지은이 **마이크 몬더Mike Maunder**
정원사이자 환경보호론자이며 케임브리지대학교 케임브리지보존계획(Cambridge Con-
servation Initiative) 전무이사다.

옮긴이 **신봉아**
이화여자대학교 통역번역대학원 한영번역학과를 졸업하고 전문번역가로 활동중이다. 옮긴
책으로는 『미래의 지구』 『인생 사용자 사전』 『레오나르도 다빈치』 『기후변화』가 있으며 〈마
스터스 오브 로마〉 시리즈를 공역했다.

실내식물의 문화사

초판 1쇄 인쇄 2023년 6월 12일
초판 1쇄 발행 2023년 6월 22일

지은이 마이크 몬더
옮긴이 신봉아

편집 김윤하 황도옥 이원주 이희연 | 디자인 윤종윤 이주영 | 마케팅 김선진 배희주
브랜딩 함유지 함근아 김희숙 고보미 박민재 정승민 배진성
저작권 박지영 형소진 최은진 오서영
제작 강신은 김동욱 임현식 | 제작처 한영문화사(인쇄) 경인제책(제본)

펴낸곳 (주)교유당 | 펴낸이 신정민
출판등록 2019년 5월 24일 제406-2019-000052호

주소 10881 경기도 파주시 회동길 210
전화 031.955.8891(마케팅) | 031.955.2680(편집) | 031.955.8855(팩스)
전자우편 gyoyudang@munhak.com

인스타그램 @gyoyu_books | 트위터 @gyoyu_books | 페이스북 @gyoyubooks

ISBN 979-11-92968-25-4 03480